吃玩在杭州

（第二版）

赵力行 吕放 主编

浙江出版联合集团

浙江科学技术出版社

图书在版编目（CIP）数据

吃玩在杭州 / 赵力行，吕放主编. — 杭州：浙江科学
技术出版社，2015.3

ISBN 978-7-5341-6506-1

Ⅰ.①吃… Ⅱ.①赵… ②吕… Ⅲ.①饮食-文化-
介绍-杭州市 ②休闲娱乐-服务业-介绍-杭州市
Ⅳ.①TS971 ②F719.5

中国版本图书馆 CIP 数据核字（2015）第 040929 号

书　　名	吃玩在杭州	
主　　编	赵力行　吕　放	

出版发行　**浙江科学技术出版社**
　　　　　地址：杭州市体育场路 347 号　　邮政编码：310006
　　　　　办公室电话：0571-85176593
　　　　　销售部电话：0571-85176040
　　　　　网址：www.zkpress.com
　　　　　E-mail：zkpress@zkpress.com

排　　版	杭州兴邦电子印务有限公司	
印　　刷	浙江海虹彩色印务有限公司	
经　　销	全国各地新华书店	

开　　本	787×1092　1/16	印　张	21.5
字　　数	370 000		
版　　次	2015 年 3 月第 1 版	2015 年 3 月第 1 次印刷	
书　　号	ISBN 978-7-5341-6506-1	定　价　68.00 元	

责任编辑	余旭伟	**责任印务**	徐忠雷
封面设计	金　晖	**责任校对**	李亚学

《吃玩在杭州》指导委员会

主　任　张建庭　杭州市副市长

顾　问（按姓氏笔画为序）

马雄伟　豪园浴业集团董事长

王新民　杭州市足浴行业协会会长

方森炎　苑苑美容美发集团董事长

包锦耀　翠越酒店管理有限公司董事长

任　宇　唛歌餐饮娱乐管理有限公司总经理

伊建敏　伊家鲜餐饮管理有限公司董事长

汤海苗　哨兵实业有限公司董事长

许为民　百嘉乐餐饮管理有限公司执行董事长

许永军　许府牛饮食股份有限公司董事长

严朝宗　花都国际俱乐部创始人

李红卫　名人名家餐饮娱乐投资有限公司董事长

李明明　川味观餐饮管理有限公司董事长

吴国平　外婆家餐饮有限公司创始人

余觉新　新丰小吃有限公司董事长

汪尧松　凯旋门澳门豆捞控股集团董事长

汪俊杰　青菁味道餐饮管理有限公司董事长

沈关忠　杭州市餐饮旅店行业协会会长

张华卫　新发现餐饮连锁集团公司董事长

张国伟　张生记酒店管理有限公司董事长

罗　承　东方魅力餐饮娱乐有限公司董事长

金梅央　两岸咖啡集团总裁

周文源　新白鹿餐饮管理有限公司董事长

孟　明　川浙会餐饮有限公司董事长

施德胜　金曲餐饮娱乐管理有限公司董事长

钱浩威　SOS CLUB 董事长

梁智勇　梁大妈妈菜馆创始人

屠荣生　皇饭儿餐饮管理有限公司董事长

彭绍庭　新庭记酒店投资有限公司董事长
舒建安　银乐迪音乐娱乐有限公司董事长
潘　境　儒之堂企业管理咨询有限公司董事长

《吃玩在杭州》编辑委员会

文字主编　赵力行

执行主编　吕　放

撰稿人员（按姓氏笔画为序）

马　良《今日早报》文体部记者　　　　　邵奕颖《钱江晚报》美食专栏记者

王曦煜《钱江晚报》经济新闻部记者　　　罗　颖《钱江晚报》美食专栏编辑

方云凤《钱江晚报》都市新闻部记者　　　柯　静《杭州日报》美食专栏记者

卢荫衔《每日商报》美食专栏记者　　　　祝　瑶《今日早报》美食专栏记者

朱银玲《钱江晚报》美食专栏记者　　　　陶　煜《都市周报》美食专栏记者

农丽琼《精英汇》杂志执行主编　　　　　黄轶涵《今日早报》新闻中心记者

李坤军《杭州日报》美食专栏记者　　　　屠晨昕《钱江晚报》文艺部记者

何　晨《都市周报》美食专栏记者　　　　傅通先《浙江日报》原副总编辑

陈　婕《钱江晚报》美食专栏记者

手绘图

赵力行　缪文君

摄　影

干铁泠 高级摄影师　　　　　　　陈熙春《今日早报》摄影部记者

方志锋 高级摄影师　　　　　　　李震宇《钱江晚报》摄影部记者

序 ——

出文化人的地方，必出名吃，很多名吃，都与文人有关。文人长于描写，善于品鉴，佳肴送入他们的口中，美食文章从他们的笔下流淌出来，成为永恒的经典篇章。

有四本书，堪称中国饮食业的"四大名著"——《随园食单》、《闲情偶寄•饮馔部》、《养小录》和《饮食须知》。这"四大名著"的作者都是浙江人，分别是钱塘人袁枚、兰溪人李渔、嘉兴人顾仲和海宁人贾铭。这些叙述美食的文学名著，文词优美，记叙有趣，耐读耐品，千百年来，广泛而深远地影响着一代又一代的"吃货达人"。

"自古名都多珍馐"。杭州作为浙江省省会和历史文化名城，饮食业历史悠久。北宋诗人苏东坡曾称赞道："天下酒官之盛未有如杭城也。"

今天倾倒各路饕餮客的杭帮菜，其历史最早可追溯到距今800多年前的南宋。当时，临安作为繁华的京都，南北名厨济济一堂，各方商贾云集于此，杭帮菜达到鼎盛时期。杭帮菜选料讲究，注重刀功和火候，成菜色彩鲜亮，重原汁原味，味美醇香，微有甜酸，清淡适口，造型优美，许多菜点有源远流长的历史和优美动人的传说，在国内外享有盛誉。

随着经济和文化的快速发展，杭帮菜不断地接纳、吸收和创新。如今的杭帮菜，既有宫廷菜、官府菜的特征，亦有鲁菜、粤菜、川菜的印记，所以又能称之为"迷踪菜"，有着广泛的适应性。近年来，杭帮菜更是以"南料北烹"、"口味交融"而风靡大江南北。一大批餐饮品牌脱颖而出，菜品做精做细，企业做大做强，经营范围走向全中国，渐有打响"吃在杭州"品牌的趋势。

如何精彩地包装、宣传、推广杭州的美食，使之真正走进大众的内心？在《吃玩在杭州》一书中，我们或许可以找到答案。

《吃玩在杭州》的作者群很特殊，他们都是杭州知名媒体的编辑和记者，长期从事杭州美食服务业一线的新闻报道工作，耳濡目染，积累了丰富翔实的素材，厚积而薄发。《吃玩在杭州》80余篇文章风格迥异，或温婉细腻，或飘逸灵动，或豪放大气，让人耳目一新。美食文字不是就吃论吃，还有吃的渊源、吃的感受、吃的氛围、吃的故事。读时有妙趣，仿佛能闻到阵阵食香；读后有余韵，记忆深刻，给人以极美的文学享受。

另外，杭州的茶楼、咖啡、酒吧、美容美发、工艺美术、健康养生等特色潜力行业发展健康繁荣，已经成为杭州旅游经济的重要组成部分以及新的经济增长点。《吃玩在杭州》对其中的佼佼者也做了详尽的介绍。

杭州是著名的风景旅游城市，2014年，杭州接待中外游客超过一亿人次。我衷心希望该书能成为广大来杭游客的一本吃玩经典指南，使他们能按图索骥，在杭州吃得高兴，玩得开心，回味无穷，真正体会到人间天堂、幸福之城的美好感觉！

杭州市副市长　张建庭

前 言 ——

　　文人总结，吃有五层境界：第一层是吃饱，果腹而已；第二层是吃味道，哄嘴巴开心，麻要麻得闭气，辣要辣得跳；第三层是吃好，色、香、味、形、器，五个要素，一个都不能少；第四层是吃享受，不仅要好看、好吃，还要有良好的氛围，美景、佳音、一流服务，缺一不可；第五层是在吃享受的基础上，再吃故事，菜肴有雅名、有典故，身后的故事说也说不完。正所谓美食文化，由俗入雅，脍炙人口。

　　一篇优美的美食文章，应当巧妙地描绘出吃的第五层境界，不仅要触动舌苔味蕾，还要拨动心弦，让读者尽享对美食之"美"的享受，以及对这种享受的赞美和推广，进而遐想寻觅。遗憾的是，市面上美食图书虽然汗牛充栋，但内容以菜谱居多，没有故事，缺少美食文化，读来味同嚼蜡，令人恹恹欲睡，恰如古龙所说：老实人说的老实话没人信，因为它没有美感。

　　基于出版一本能扣动读者心弦的休闲美食图书的美好愿望，2008 年由钱江晚报休闲美食专栏发起，杭州老中青三代长期从事休闲美食专栏采写工作的报界同仁携手，共同编辑出版了《吃玩在杭州》一书。图书上市发行之后，市场良好的反应令人大吃一惊。两岸咖啡的李国彦先生致电编辑部："书印得太好了，都不舍得放到门店里。"首尔火炉的朱英德总经理说："我在书店买了一批书，让所有的员工好好读一读，学点东西。"嘟捞咪坊的李宗耀总经理说："写得可真好哎，下次再出的话一定要叫上我们！"在皇饭儿，在梁大妈妈菜馆，在众安温泉，在侨治造型，在豪园……很多备览的《吃玩在杭州》图书封面破损，页角折叠，留下了数百人翻览过的痕迹，有些读者还用心地写下了自己的读后感。在全国各地的新华书店，《吃玩在杭州》销售大热，几度售罄，网络上购买量同样惊人。

　　春华秋实，岁月如歌。春暖花开时节，《吃玩在杭州》（第二版）终于又与读者见面了。本书指导委员会主任、杭州市副市长张建庭多次指示，《吃玩在杭州》一定要做到内涵深厚，印刷精美，可读性强，真正体现杭州韵味。

　　桃李不言，下自成蹊，不赘言！

C 目 录
ontents

美食天地篇

美食天地篇

梁大龙虾
吃虾吃到嘴上瘾　排队排到脚抽筋

《都市周报》美食专栏记者　何　晨

　　河东路，这条老牌的美食街，也是杭州目前口味最为齐全的夜宵美食街，从小龙虾、烤鱼、小海鲜，到盐蘸牛肉、鸡煲、新疆特色菜等，都一应俱全。

　　河东路上有一家"梁大妈妈菜馆"，每当夜幕降临，门口霓虹闪烁，人声鼎沸，灯火通明。客人从四处涌来，门口排队的"长龙"不停地拉长。

　　这里，就是杭州最早、最地道的盱眙龙虾馆——梁大龙虾。

美食天地篇

盱眙人做出最地道的盱眙龙虾

梁大龙虾的老板梁智勇先生是土生土长的盱眙本地人，中医世家出生，对小龙虾以及调料了如指掌，自己先后在南京、张家港、杭州等地开店做龙虾十几年，亲手烧制过几十万斤龙虾。

最好品质的盱眙龙虾，方能做出口味地道的龙虾美食。盱眙水资源极其丰富，有水质非常好的洪泽湖、陡湖、天泉湖、猫耳湖、天鹅湖、八仙湖等湖水和125座中小型水库，水质清澈无污染，生长着100多种藻类水草，水体含有大量微生物，是龙虾生长的理想家园，被誉为"小龙虾的故乡"。梁大的龙虾产自洪泽湖，是正宗的盱眙龙虾，而且是精挑细选出来的，只只个

大、体壮、黄鲜、肉嫩，麻辣鲜香。"我们店里，一般的龙虾都有一两重，极品龙虾基本都有一两半左右，珍品龙虾有一两多到三两。我们的厨师长自小在盱眙长大的，龙虾烹饪功夫少遇对手。很多顾客吃完了龙虾，汤汁还要打包回去烧菜用呢！"梁智勇很豪气地说。

40多种名贵药材的配方，单店日销上千斤

梁大龙虾汤料中有40多种名贵香料、中药材，加上精心烹调，烹饪好的小龙虾香气馥郁，美味鲜滑，营养丰富。在数届中国龙虾节烹饪大奖赛上，梁大龙虾都斩获金牌，被指定为盱眙龙虾制作名店。

据说，早在2007年，就有一位富阳餐馆老板，愿出18万元，购买梁大十三香小龙虾的配方，被梁大一口回绝。梁大小龙虾的配方，是梁智勇家数十年烹饪

经验的总结，堪称镇店之宝。在梁大龙虾，一年所用名贵香料和中药材的费用就超过20万元。具体配方只有梁智勇和厨师长李松林（龙虾烹饪制作大师）两个人知道，商业价值岂止区区18万元。

事实上，从2006年，当梁智勇把正宗地道的盱眙十三香小龙虾带到杭城，就一炮走红，掀起了"红色风暴"！生意好的时候，梁大的小龙虾，400多平方米的门店，常常日销量上千斤。

店内酣畅淋漓，店外垂涎欲滴

一盆盆龙虾端上桌，红彤彤的大虾油光四溢，只只双钳挺立、张牙舞爪、个大强悍、红润饱满，还有那浓郁的汤料，一股奇特的香味直冲鼻孔，挡不住的诱惑，连矜持的女孩们也顾不上什么形象了，迅速地抓起大虾，揭、吸、拧、剥、撕、咬，一气呵成，酣畅淋漓地大吃着，满手留香，满嘴流油，满头大汗，一个个大呼过瘾，大嚷着："再来一盆！"

店里吃得十指流油、酣畅淋漓，而门外还是排队的"长龙"。有一次，一位美女排队等急了，居然对一桌快要吃完的顾客说："快点把位子让给我们吧，我替你们买单！"

等急了的客人，还有人爬到吧台上坐着吃，在啤酒箱上坐着吃……

梁大龙虾隔壁一家修鞋的店，生意很不错，据说是因为梁大龙虾总排队，挤坏的鞋子多。

美食天地篇

外地客人"特产"，本地公司"福利"

梁大龙虾店里的客人，从全国各地赶来的吃客可不少，北京、深圳、广州、西安、大连……南至海南，北到黑龙江、内蒙古，西往乌鲁木齐，都有梁大的粉

丝。经常有远途客人，到杭州周边城市办事，都要赶过来过个嘴瘾。吃完了，还把梁大龙虾打包，当做"杭州特产"，带回去给家人朋友吃。空运自然要安检，后来，连萧山机场安检见了，都习以为常了。

上海和温州、宁波、义乌等浙江省内的客人，更是经常直接开车过来吃小龙虾，顺便打几个包，随车带回。

有的杭州本地公司，老板会让员工带来大桶，打包几十份，当做员工福利发。据说，2008年奥运会开幕式那天，有个公司预定了250公斤小龙虾，打包回去，集体吃小龙虾、看开幕式。2014年，巴西世界杯，许多公司员工又集体来打包，把"梁大龙虾＋啤酒"，当做是看世界杯的"标准配置"和"最佳享受"。

"犀利哥"趣事

有一次，梁大龙虾来了一个"特殊"的粉丝。

一位"犀利哥"来到门口，店里营业员就给了他1元零钱。这位"犀利哥"摆摆手，于是，营业员又加了1元，"犀利哥"还是摆摆手，滞纳了一会儿，他说，"我不要钱，给我1个小龙虾！"

这件事，被旁边的客人，当做"江湖轶闻"，迅速在梁大的粉丝中传开了！

"梁四多"：吃客多、名人多、美女多、老外多

梁大龙虾，有自己的养殖场，还供应我国台湾、香港等地。梁大的龙虾，每天直接从盱眙运来杭州，所以一年四季每天都有优质新鲜的小龙虾供应。来梁大吃小龙虾的吃客，都是对小龙虾品质要求很高的，基本不以价格为第一考虑因素，那道 1000 多元一份的珍品龙虾，吃了之后就再也看不上其他的龙虾了！也还别嫌贵，这样的珍品龙虾想吃还吃不到，因为如此大个的珍品龙虾产量极少，可遇而不可求。

明星大腕中，梁大的粉丝也不少。因为来过的名人太多，食客们笑侃："想见明星，要么去横店影视城，要么来梁大龙虾城。"

坊间还有一个传闻——"苏杭美女甲天下，邂逅美女来梁大"。来梁大店里吃龙虾的，时尚前卫的美女特别多，夜越深，夜宵就越旺，简直就是店里的一道靓丽的景致。

有一个在杭州做过外教的美国人，在杭工作期间，经常在梁大店里吃小龙虾，后来回国后，乘着去韩国出差的机会，也要飞到杭州，吃上几份梁大小龙虾解馋。据说，在梁大龙虾，这种老外铁杆粉丝，不下两位数。

吃客多、名人多、美女多、老外多，在食客们中，梁大龙虾又叫"梁四多"。

梁大龙虾最佳搭档——梁大酸菜鱼

在梁大妈妈菜馆，有一幅名人题字"虾壮鱼美"。虾壮，自然是指梁大龙虾；而鱼美，指的是梁大店里另一道招牌菜——梁大酸菜鱼。

梁大的酸菜鱼，用的黑鱼同样是产自江苏省水质优良的湖泊，肉质鲜美，没有一丝一毫的土腥味。黑鱼运来都养在一楼的大水池里，现点现杀现烧。鱼片要切成手掌大的蝴蝶片，这样鱼片受热、入味均匀，肉质感觉饱满亮泽。浆制鱼片，只加盐和水，不加生粉、蛋清，更不会有添加剂。鱼肉滑嫩、有筋道，靠的是大厨给鱼片的按摩手法，据说，这种纯盐和水加工酸菜鱼片的技术，也是梁大妈妈菜馆首创。

这里的酸菜鱼，多次被知名网站评为杭州最好吃的酸菜鱼，鲜嫩不说，单就一个"滑"字，你试试，用筷子夹起一片鱼，还来不及放入嘴里，一不留神，鱼片又滑到了汤锅盆中……汤汁浓郁，香味四溢，每桌必点，吃了还想吃。

当然，梁大妈妈菜馆的秘制牛排、烩牛肉、虾爆蟹、十三香螺蛳、铜盆仔鸡、羊肉（羊杂）大锅……都是点击率很高的招牌美味。

【梁大妈妈菜馆】
河东路 98 号。

冠江楼　朴实家常菜最动听

《杭州日报》美食专栏记者　柯　静

不管外面的食潮如何风起云涌，杭州仍有一项底气十足的美食处变不惊，那就是我们所执著热爱的家常菜，它们是最充满感情的美味，早已超越草根或是高贵。

冠江楼，这家杭州老牌餐饮名店在兼顾商务宴请背后，始终以浓浓的家常温情，扎根河东路十余年，征服最挑剔的味蕾。

每个成功的餐饮店背后，都会有一个了不起的经营者。冠江楼餐饮有限公司的董事长蒋玉渝女士

美食天地篇

1995 年就入行餐饮业，先后成功经营过萧山叙福楼大酒店、杭州大铭楼酒店、南京冠江楼大酒店等品牌餐饮，心思细腻，做事果敢，从业经验丰富，善于把握市场脉搏。她讲道，菜肴的开发和创新，是酒店的生存之本。当前形势下，酒店更要开发出适合工薪阶层消费，接地气的菜肴。在冠江楼，每周都要开发 1～2 款新菜。有美味的菜肴，有实惠的价格，有舒适的环境，老百姓哪个会不喜欢？

正因其始终秉持的良心出品，选最优食材，遵循最地道的妈妈菜制法，一季一味，冠江楼的家常菜在杭州获得了广泛的好口碑，每一年冠江楼的年夜饭总是很走俏。

走进冠江楼，明档点菜，最显眼的是大锅菜。人未走近，香气已经袭来。那豆腐气孔密布、松软如棉花；那笋干火踵老鸭油润腴美，是最地道的江南味道；那一锅香糯红润的扎肉，炖足三小时，香得让人喜极而泣。可不要小瞧这些大锅菜，这可都是冠江楼经过十多年来，针对杭州百姓的口味精研创制出来的。许多在外的杭州人回家，最念叨的就是冠江楼这一盘盘像妈妈烧的家常菜。

　　看那冷盘，腊味合拼的香肠、咸肉、咸鸡，都是冠江楼的厨师自制的，鲜咸入味，喷香诱人；看那杭州酥鱼，并非现在很流行的有卤汁、有烟熏味的上海酥鱼口味，而是地道的杭州口味，色似琥珀，鱼酥肉烂，一切精华都被包裹在那略硬的酥鱼外壳之内；凉拌茄子，茄子不易做，凉拌过后，依旧是紫色怡人，经过盐和麻油的简单调味，在嘴中唱出了曼妙的夏之歌。

　　当目光移向热菜时，出乎意料地发现了老杭州人很爱在餐馆点的菜。糖醋排骨、家烧丝瓜、筒骨砂锅、石锅臭豆腐……或许很多人会觉得奇怪，为什么要在餐厅吃这些杭帮菜呢？答案很简单，因为自己家的炉子总是缺了点火候，菜色少了锅气。而作为地道的杭帮菜馆，冠江楼的大厨们烹制这种传统杭帮菜自然是信手拈来。

　　这里重点推荐一下冠江楼的红烧千岛湖鱼头和家烧临安土鸡，这两道菜极其考验厨师炒和煨的功力，让这两道菜成为冠江楼当之无愧的当家菜。

　　鱼头是地道的千岛湖胖头鱼，肉质鲜嫩，品味甘甜，无腥臊之气，谓之雄。大盆鱼头端上桌的时候，鱼头雄踞一方的桀骜感，颇具气场。经过大厨一炒一煨后，鱼肉清香甘甜，鱼汤浓而鲜美，鱼香、酱香，所有美味融合在一起，大有回归自然的感觉。这样一大盆鱼头端上桌，光那个诱人的味道就足够杀伤力，你非得上碗米饭，畅快吃一顿，因此，封其为米饭杀手一点都不为过。

　　土鸡是在临安的山涧间长大，喝的是山泉水，吃的是虫子和青草，因为经常要跑跳着追逐食物，所以有强健的肌肉。在餐桌上，土鸡浓郁的香气让人陶醉，肉质鲜香，滑嫩美味。

　　其实，在冠江楼，不乏像石锅泡饭、妙笔生辉这类时髦的菜肴，它们不仅味道好，价格也亲民，是宴请朋友不错的选择。最后，我依旧要建议你，在尝过无数山珍海味、百转千回后，还是那盘家常炒菜最能打动你，因为这才是最朴实的味道。

【冠江5楼】

河东路17号朝晖一区。

丁记盐蘸牛肉好滋味

《都市周报》美食专栏记者　陶　煜

　　读过《水浒》，相信大家都有个印象：牛肉是梁山好汉的最爱。石碣村里新宰了一头黄牛，"花糕也相似好肥肉"，阮小二张口就道："大块切十斤来！"那是何等的豪迈爽快！

　　好汉为什么都爱吃牛肉，如果你在夜宵时段光顾过丁记盐蘸牛肉，或许能明白几分。店中招牌菜盐蘸牛肉采用优质黄牛肉经过多种调料精心烹制而成，肉香浓郁，嚼劲十足。更有秘制盐粉搭配食用，味道更佳。丁记盐蘸牛肉在杭城已经

有 10 多年的历史，现有 3 家门店，每家都"人山人海"。

　　而说起丁记，就要讲一段传奇故事。丁记，顾名思义，老丁家开的。老板之一丁军的父亲名叫丁金堂。丁老先生今年快 90 岁了，是风靡一代的杭州名厨，德艺双馨。当年他执掌百年老店"杭州酒家"，36 道杭州名菜样样拿手。20 世纪 50 年代末起，丁金堂多次赶赴中南海，为国家领导人和海内外宾朋烹饪杭州特色美食。他高超的烹饪技术令人叹为观止，赢得了无数的嘉奖。后来，女婿王平、儿子丁军传承父亲衣钵，创立了丁记餐饮品牌。

　　丁记的牛肉做法很有讲究。牛肉洗净，整块放入锅里，水正好盖住肉，等水烧开后，撇去浮沫，放入料酒、八角以及其他秘不授人的独家配方，大火烧开小火焖，牛肉酥了，就可以切片啦。

　　王平说，海鲜的极品烧法是白灼，这样才保持住了原味，而牛肉最好的做法

也是白煮，有些人爱吃葱爆、辣炒这些，牛肉本味被冲得只剩三成了。

　　丁记盐蘸牛肉名不虚传，牛肉切得很薄，纹理清晰，就放在一张白纸上端过来。初尝之下口留余香，待蘸上那微黄色的、细细的盐粉（很咸，少蘸点即可）之后，一股独特的鲜味又瞬间蹦出来了，连很多不常吃牛肉的人都赞不绝口。就着牛肉，配上两壶好酒，是不是颇有绿林好汉的穿越感？

　　两位店老板各有所好。丁军喜欢采购，练就了一双火眼金睛。一块看似普通的牛肉，丁军只需瞄一眼，就会知道牛的岁数、产地、生长环境和肉质。丁记所选牛肉必须是纹理密、脂肪少、韧性好的一级牛肉。王平爱琢磨菜。比如丁记手抓小龙虾也是杭城一只鼎，四种特色口味——香辣、十三香、干煸、椒盐都是王平亲自研制的。丁记小龙虾掐头去筋，干干净净，辣中带甜，很符合地道杭州人的口味。

气温渐升，那一盆盆色泽诱人的小龙虾更加强烈地刺激着我们的味蕾，真真令人垂涎三尺。话再说回来，绿林好汉说来说去，只独孤牛肉一味，而我们，却左手龙虾，右手牛肉，再叫上一扎生啤。小风一吹，小酒一喝，在炎热的夏夜，真叫一个爽！

【丁记盐蘸牛肉】

共有三家店：河东路两家，胜利河美食街一家。

农夫烤鱼　最好吃的烤鱼

《今日早报》新闻中心记者　黄轶涵

　　烤鱼，是融合了腌、烤、炖三种烹饪工艺，并借鉴传统川菜及川味火锅用料特点的一种市井风味美食，它在杭城美食圈的红火早已不是新鲜事。尤其是随着气温的节节攀升，那些有着独特味道的烤鱼店，成了小伙伴们碰头聚会的首选地之一。

　　"吃烤鱼，去河东路"，河东路是杭州夜宵一条街，好吃的店在这儿扎堆。一

路上，10多家店灯火如昼，经过233号，就会被一股特别的鲜香味吸引进去。这家店，就是装修一新的"农夫烤鱼"，它是杭州最早火起来的烤鱼店，因为地段好，起步早，被吃货们亲切地称为——"杭州最好吃的烤鱼"。

肉肥刺少的草鱼、鲫鱼、鮰鱼、鲶鱼和巴沙鱼，是烤鱼的主要原料。上桌前，厨师会先把处理好的鱼，配以成都传统秘方精心烧烤至大半熟，彻底去除腥味，再加上配料，铁盘底下再放上炭火后上桌。口味可以选择轻辣、中辣、重辣，也可以再额外要求加麻。

虽然老板是土生土长的杭州人，但是烤鱼用的配料，比如豆豉、泡椒和泡姜，都是直接从四川进的货。很多吃客都说农夫烤鱼特别香，还能在香味里闻到麻味、辣味和鲜味。这是因为农夫烤鱼的香料，是用20多种中草药秘制而成，磨成粉，深深渗入鱼肉内部，所以鱼肉吃起来味道汇集麻、辣、鲜、爽、嫩于一身。更特别的是，吃鱼的时候，还可以像涮火锅一样，放进各种蔬菜和豆制品。

农夫烤鱼的口味很多，其中豆豉烤鱼的口味最赞，点击率也最高。烤鱼一端上来，空气里就有满满的豆豉香。拨开豆豉，大快朵颐吧。鱼皮脆脆的，肉质细嫩，滋味真是美妙极了。

四个人去吃，挑一条两斤半左右的草鱼，烤起来吃刚刚好。烤出来的草鱼，吃起来比黑鱼更有滋味。鲫鱼每条都重一斤左右，两条一起烤，也够吃。

　　要特别推荐一下鮰鱼和鲶鱼，这两种鱼也是农夫烤鱼的创新品种。鮰鱼体壮膘肥、肉质鲜嫩。苏东坡曾写诗赞美它曰："粉红石首仍无骨，雪白河豚不药人"。诗中道出了鮰鱼的特别之处：肉质白嫩，鱼皮肥美，兼有河豚、鲫鱼之鲜美，而无河豚之毒素和鲫鱼之刺多。鲶鱼同样也是少刺、味美、肉嫩。鮰鱼、鲶鱼特别适合老人和小孩吃。

　　去农夫烤鱼，一般点个鱼，再加个蔬菜就够吃了，性价比超高，小情侣特别喜欢这个地方。在夏天，可以配点爽口的黄瓜、生菜吃。老板也很细心，在烤鱼里放了夏枯草、野菊花、少量金银花，防上火。

　　赶紧去体验一下辣椒在舌尖上缠绵的感觉吧！

【农夫烤鱼】

河东路 233 号。

西湖边　弄堂里
老杭州的风情　老底子的味道

《都市周报》美食专栏记者　何　晨

　　"小芽儿，搞搞儿……"

　　弄堂里，老杭州最深的儿时生活记忆；西湖边，是杭州"耍子儿"最好的地方；西湖边的弄堂里，自然是老杭州生活最惬意的地方！

　　"弄堂里"的胖子老板汪俊杰，小时候在龙翔桥白傅路一带长大，西湖边的弄堂里，是汪俊杰最最亲切的记忆。巷子两旁是老式的民居，每到夏天的黄昏，一张竹榻儿，几张小凳儿，几把芭蕉扇，弄堂口吹来徐徐微风，带走夏日的炎热，送来丝丝凉意。

最能让他想念的是妈妈的一声叫唤"吃饭啦！"抬着自家的八仙桌，在自家的门口一放，还有竹藤制的躺椅，端着饭碗夹着菜，看着弄堂对面的西湖落日余晖，令人心旷神怡，这是何等惬意的享受……

弄堂里，老杭州的风情，老底子的味道，西湖边的美景，弄堂里的美味。吃一种怀旧的味道，感觉像小时候一样幸福！

青砖黑瓦的老弄堂，木门木桌的老墙门

"弄堂里"，老弄堂墙门房子的模样，老木结构，黑瓦青砖，秀石门头，门头两旁是老底子的门当石鼓。

进得店堂，抬眼看去，老式秀石墙院门头，白泥墙、木墙、青砖墙、白粉斑驳的红砖墙，铁栏杆的院子，老式窗子的雨棚，锈迹斑斑的老路灯，老原木的门、老木漆白色的窗、水泥的门头、窗头，青石板路面上嵌着碎瓷片，老式的木窗格

成为餐厅里的隔断，老式的石制茶桶，老底子工厂里的挂灯……餐厅的桌椅以方木桌、藤椅为主，夹杂着更古朴的青砖砌起来、原木做桌面的桌子和木条凳。最"古老"的是那几张 100 多岁"高龄"的老方桌和 70 多岁的老式条凳儿，可以称得上是正儿八经的"古董"了。

一溜老式的柴火大灶上，一只只大铁锅菜冒着热气，极致卤鸡爪、筒骨烧萝卜、稻香扎蹄、弄堂里的鸭儿……香气四溢，勾引着食客的胃。

餐厅的墙面上，悬挂着老杭州、老城区、老底子西湖边的老照片；几条过道的墙上是老板自己画出来的"弄堂里"——老底子的弄堂墙院、竹榻儿乘凉、斗蛐蛐儿、灶头烧火做饭等老弄堂场景的墙绘。"五好家庭"、"遵纪守法光荣户"等老底子的奖励表扬标牌，也钉在餐厅的墙面上，这些都是老板家里捣出来的；还定做了一批老底子的蓝底白字的铁皮门牌，比如"城头巷 57 号"、"如意里 18 号"、"吉祥弄 12 号"等等，挂在秀石墙门头上和包间门口。

温馨的"弄堂小家"，让你瞬间有"穿越"的感觉

大片的绿色植物墙，绿树旁、鸟笼下，青砖墙、木窗下，一张张老木条凳儿，一旁摆着水缸、竹梯、竹椅，种着绿草和红色的、紫色的小花朵，墙上挂着竹

笠、竹篓、竹箩筐，树杈上挂着鸟笼，老式石磨"汩汩"地冒着水泡……一派老底子弄堂里自然惬意的气息。

洗手间门口的洗手池，就是老底子的长方石头水槽；院落之间，是老底子的天井，假山、真树、花草、鸟巢、鹅卵石、鱼池……店里的食客，可以一边吃，一边观赏一下老底子的天井院落的"风景"。

包间里，木顶棚、老天窗、老地板、老木箱、老皮箱，摆着八仙桌和八仙椅；随处可见的老木柜上，摆放着老式闹钟、黑白电视机、热水瓶、收音机、汤婆子、红木饭桶、茶壶、茶盘、饼干箱、缝纫机、打字机、"红梅"牌照相机，还有不会动的电风扇，很温馨的弄堂小家。一时间，真的会让你瞬间感觉"穿越"回老底子杭州老弄堂的家！

老底子屋里厢的家常菜，混搭新潮 MM 最爱的饮品

虾油肉、老卤大素鸡、五香熏鱼、老坛糟三鲜、香肠蒸蛋、私房杭什锦、虾皮酱油水波蛋、千层黄鱼鲞、青菜烩豆腐、油豆腐烧肉、老牌杭式腰肝、糖醋带鱼……弄堂里的菜单，一行行看去，既会勾起你的食欲，也会勾起你儿时的记忆，想起妈妈的味道。

鞋底饼、春卷、葱包桧儿、麻油菜馄饨、生煎包子、肉酥石锅沸腾饭、蛋煎八宝饭等老底子的点心，还有外婆酸梅汤、淇淋果露等老底子的饮品……还有儿时记忆的家常菜、点心、饮品的盛具，都用铝饭盒、铝杯儿、塑料杯儿、搪瓷碗、青花碗装着，摆上了弄堂里的老方桌。

极致卤鸡爪：正宗的桂皮、手工生晒酱油，小火慢炖入味，妈妈菜的味道；香肠蒸蛋：上好的腊肠，加入健康营养的本鸡蛋，一款不折不扣的下饭好菜，是儿时读书时饭盒子里的稀罕菜；油豆腐烧肉：一道老底子老百姓的年菜，富阳的油豆腐和富阳的农家猪肉，加入了绍兴的手工生晒酱油，小火慢炖，汤汁浓厚，完全浸入到油豆腐中，入味就是这个菜的灵魂；鞋底饼：历时 3 个月的

研发，终于把它复制还原成功，香、甜、脆是它的特色，儿时最喜欢的点心；花生千层雪……

弄堂里80版鸡煲：记得早年，杭州刚刚开始有农家乐的时候，西湖边龙井路上，有一家店名就叫"农家乐"的小店，是当时名气最大、生意最好的，许多杭州本地的、上海和周边地区的食客，赶来这家店，就是因为他家的鸡煲。

准备要开出弄堂里龙井店，胖子老板就想到了这只鸡煲。经过多方打听，汪俊杰终于知道了，那个当年烧鸡煲的小厨，现在嘉兴西塘的一家酒店。这位昔日农家乐的小厨已经成为一个经验丰富的大厨了，做鸡煲自然更是他的一绝。汪俊杰"死缠烂打"，终于把这位大厨"拉"回杭州，在弄堂里重新打造一个鸡煲的传奇。

多年的民间食俗，造就了食材间的美味关系，即便是简单的搭配也能派生出撼人心神的味道，三斤左右的本鸡，加入香菇、豆芽、笋老头、包心菜、胡萝卜

熬制3个小时而成的素高汤，再放入来自建德的农家风腿肉、安吉的农家笋干和鸡心、鸡肝、鸡胗、鸡血等鸡杂，一锅用小火炖2小时，肉酥、笋鲜、汤浓，毫无修饰的鲜美，简简单单的极品美味！

当然，时尚MM也可以在弄堂里找到混搭的新潮饮品，30多款鲜榨果汁、港式甜品、冰沙，口味是绝对不次于任何一家新潮甜品店的。

【弄堂里】

共有10家店：分别是河东店，龙井店，湖滨店，万塘店，小河店，城西银泰店，西溪印象城店，武林皇后店，大润发店，万泰城店。

南翔馆　浓汤清油烤鱼香

《杭州日报》美食专栏记者　柯　静

　　吃鱼，除了最传统的红烧鱼、醋鱼、鱼汤，这些年来，大家似乎更青睐酸菜鱼、水煮鱼的烹饪方式，鱼肉够嫩，口味够辣。而眼下这两年，烤鱼这种吃法又格外地红。烤鱼，就是在鱼身上刷上调料，两面不停地翻转烧烤，直至鱼身由白变黄，由黄转褐。然后加各种不同风味的调料，放在铁盘里煮制。在大排档里，几个好友聚会，喝啤酒吃喷喷香的烤鱼，颇有返璞归真的感觉。

　　胜利河上有家特色美食店，名为南翔馆，老板是个奇人。胜利河开街

时，这家南翔馆就开张了。当时卖的是小笼包，红透半边天；而后老板枪头一转，开卖烤鱼，那时，做烤鱼的店家可不多，南翔馆正宗重庆烤鱼的风味，硬是引领了一把杭州食尚风潮。

这里的烤鱼有七种味道，豆豉、泡椒、香辣……厨师对于每种辣的程度都拿捏得很准确。不同于一般烤鱼红汤赤油的方式，这里的烤鱼以浓汤清油的方式出场，在缥缈的烟气中，香味阵阵地散发开来。盛鱼的不锈钢盆下面还附着炭火，火力旺起来，鱼汤里面就可以涮菜，火候掌握得好，几十秒又是一道美味的菜肴。这种"先烤后炖"的方法，能够使秘制的味道进一步渗入鱼肉，同时祛除了鱼肉刚刚烤完后附着的焦味，当然烤鱼吸取了涮菜的各种味道后，鱼肉也就更鲜美了。

要提醒一下的是，要是你一上来就迫不及待地下筷，吃起来多半口味干涩。如果你能耐着性子，过几分钟再举筷，那么这时候的鱼肉不但嫩滑，而且先前烤制过的鱼皮炙香焦爽，鱼肉入味更可口；再加上辣椒、花椒，麻辣鲜香的味道，就着一扎壶啤酒，恐怕爽不够！

老板是桐庐百江镇人，有个老家的最大优势就是能将镇上各种土货腌菜源源不断地输入店里。一般熟客来这里，都会点一盘腌小辣椒，吃完再打包一份回家，第二天过泡饭吃。小辣椒看着有点像泡椒色，黄绿色着实不起眼，但入口极赞，微辣略酸，异常开胃，是再好不过的下酒过粥的小菜。另外，比如南瓜花、生粉圆子，也绝对是别处吃不到的土货好菜。

在南翔馆吃夜宵，烤鱼是一绝，另外不宜错过的是小龙虾。老板很实在，开门见山地告诉我们，他家的小龙虾是来自江苏盱眙。满盆带头的小龙虾，只只个大、体亮、黄鲜、肉嫩。偌大的一个盘子，十几只就占满了。掀开小龙虾的"盖头"，只只还有金黄色的膏。戴上手套，开吃吧！一掰一拗，虾肉滑了出来。"十三香"尝起来不是那种冲鼻的辣香，而是悠悠地缓缓地漫溢开来；而麻辣的，则是香辣得到位，吃起来鲜先到，辣后至。吃过这里的小龙虾，你才晓得，什么叫吮指回味。

【南翔馆】

胜利河美食街 D 区 9-12 号。

有故事的杭州人
做出了有故事的杭州菜

《今日早报》新闻中心记者　黄轶涵

　　坐在自家饭店门口，宋小军不像普通老板那么忙碌，他踱着方步，气定神闲，一副江湖大佬的派头。

　　宋小军的店，叫"957街坊菜"。店如其名，他家店里烧出来的菜，就好像是老底子杭州墙门房子里，妈妈围着花围裙站在灶头前滴着豆大的汗，用心用爱烧出来的菜。那些年，我们没现在有钱，但很快乐。怀念我们那个再也回不来的幸福童年，还有久违的妈妈味道。那么，就让我们从第一道妈妈菜的味道开始回忆吧。去"957 街坊菜"，坐在街边，点几道街坊菜，就像小时候住在墙门房子里一样，吃着像妈妈做的味道菜，回忆着单纯而充实的童年……

"957——就我吃"门牌号码来当店名

过了东新路和石祥路的交叉口，再往北走，放眼望过去，店面最大、灯光最亮、人气最旺的那片店，就是"957 街坊菜"。"957"是啥意思？其实就是店面的门牌号码——

东新路 957号。最早，饭店名字叫"金妈妈后厨"。后来，来吃饭的客人，都欢喜直接叫饭店"957"："今朝哪里吃饭啦？""957，957，就我

吃，就我吃。"就这样，"957"被越叫越响，越叫越广。饭店名字干脆就改掉了，叫"957 街坊菜"。957 号再往北走，过一个路口，就是东新路 977 号，是"957 街坊菜"的分店，叫"957 宋三锅"。宋三锅，不是火锅，而是三锅汤——鱼汤、肉汤、菌汤。烧海鲜，用黑鱼骨、鱼尾熬制的鱼汤；烧肉菜，用猪扇骨、猪尾骨、鸡骨架熬制的肉汤；烧蔬菜，用菌菇熬制的菌汤。好汤做好菜。宋三锅的菜，没有门派，只要好吃。集老杭州家常菜，汇萧山、富阳、桐庐、建德、千岛湖的农家菜，加宁波、舟山的小海鲜，添奉化、温岭的渔家菜，绍兴的传统"越菜"，形成浙江民间菜、老杭州家常夜老酒、平价小海鲜融合在一起的特色菜肴。

有说头的老板　做出了有说头的菜

　　"957 街坊菜"，每道菜都有说头。因为背后有一个有说头的老板。老板宋小军，一个大块头。20 世纪 90 年代，宋小军在中山北路 156 号，开了一家万事酒家，就在张生记隔壁。"那辰光，张生记坐满，客人就到万事来。我们也做老鸭煲，还有毛豆子煎臭豆腐，菜梗炒猪肝，吃吃味道也蛮好。"宋小军回忆老底子的小饭店，就 10 多张桌子，生意也好到要连着翻桌。后来，中山北路拆迁，宋小军把饭店开到了景芳。生意做做停停，一直到开 "957 街坊菜"。有一批吃客，就一直跟牢宋小军。这一跟，就是 20 多年。现在生意做大了，宋小军说，最要感谢两个女人家。第一个，是老板娘。老板娘陆晓青，是科班出身的美女大厨。厨师学校毕业后，在中华饭店、延安饭店跟过大师傅。第二个，是老板的娘，也就是 "金妈妈"，老底子食堂的大厨，那时领导最爱吃她烧的小灶。妈妈、儿子和媳妇，架起了 "957" 的金三角。金

妈妈传承了老杭州菜；身为沙滩排球国家级裁判的宋小军，走南闯北，见多识广，爱吃，还爱拍照、做笔记，搜菜的任务，自然非他莫属（他特别注重浙江民间菜肴的搜集和改良）；老板娘就掌管店里事务和厨房流程。

去"957 街坊菜"就好像在家里吃饭

"957 街坊菜"和"957 宋三锅"的装修，也蛮有老杭州味道的。墙上挂着老杭州黑白的旧照片；桌子下，贴着 20 世纪七八十年代的《杭州日报》；店门口还有"老开心"周志华写的对联——"墙篱笆外杭帮菜，螺蛳壳里做道场"。店不大，菜肴却琳琅满目。在店里坐落，就好像坐在家里；菜蔬端上来，就像是妈妈做的味道。有一道老杭州的民间菜——木郎豆腐，就是宋小军在杭州档案馆的书里看到的。因为鱼头长得像榔头，所以老杭州把鱼头豆腐叫木郎豆腐。书上说，民国时的拱宸桥边，有家小店里有一道"木郎豆腐"很出名。"957"的这道木郎豆腐是一道红烧菜，但不用一滴酱油，全都是豆瓣酱煎炖出来。鱼头的鲜融合豆瓣的香，汤汁浓厚香醇。

这里的羊肉串（羊肉是每天从羊霸头清真馆里买来的）一定要吃，又香又鲜又嫩，略带一些美妙的膻味，那才是纯正的大草原味道！还有一道冷菜——醉血

蚶，家里吃都是用开水烫一下，但是宋小军为了安全，做成了醉血蚶。厨师手法巧妙，没有让酒味掩盖血蚶本身的鲜味。还有肥而不腻的走油肉，入口即化；不放一滴水的面筋烧排骨，干香味浓；还有只选用肉壁厚实肠头的脆皮大肠，由内而外洗干净，先卤后炸，油而不腻，外脆里嫩；还有选用生

长环境优越的德清螺蛳，与汪刺鱼蒸在一起，鲜掉舌头；油豆腐炒青菜，毛豆子煎臭豆腐，用的都是菜油，味道就像小时候妈妈炒的，勾起你儿时的回忆……

【957 街坊菜】

杭州有四家门店：东新路两家，另两家分别在黄龙路5号恒励大厦M座包玉刚游泳池2楼和西文街99号西文社区办公楼内。

川味泡菜馆　我们只做地道的川菜

《精英汇》杂志执行主编　农丽琼

　　《舌尖上的中国》第二季首播第一集的时候，杭州的夜宵瞬间被点燃了，蠢蠢欲动的馋虫肆无忌惮地催醒了味蕾的贪婪，大家撒了欢去寻找大街小巷的美味。四川的豆花在其中抢尽了风头，洁白的豆花在红艳艳的辣汤中浮浮沉沉，那股味道足以穿透屏幕撩动大家的味觉神经，叫人怎么都坐不住。

　　第二天上午，同事间谈论的都是镜头下面的尤物，说到兴起，食堂的中饭顿

时感觉远远不能满足被激发的食欲。说起四川地道的豆花，好几个同事不约而同地想起了川味泡菜馆，于是就有了一场说走就走的"美食之旅"。

其实也就几里路，穿越武林商圈，直奔黄龙商圈的曙光路白沙泉便是。门面虽不大，但很有特色，整片大门一个大大的脸谱深深地吸引了我们的眼球，上了二楼才发现此楼是由两栋楼贯穿形成的。店在此落户已经有十几年的时间了，我们去用餐当天还遇到浙江电视台的人到店采访呢，可见名气不小啊！而且近两年在萧山和良渚也都开出了分店。杭州人的口味是极其挑剔的，别说是外地菜系了，本帮菜肴馆子起起落落再正常不过，能在此立足并且越做越好，取胜的王道定然是味道了！

和大家对川菜的固有印象不同，这里并非以"麻辣"见长，泡椒菜系酸辣味才是主打。曾听老板介绍说，其实在四川本地，辣有各种滋味，而他们把四川地道的泡菜带了过来，并且入了菜，久而久之便成了自己的风格，偏巧杭州人仿佛更爱略带些酸味的香辣，所以现在一餐翻三桌成了常态。

在这里，舌尖上的豆花是一个系列。豆花肥肠、豆花牛蛙、豆花牛肉，这比豆腐还要鲜嫩的食材，吸收了汤汁里的鲜味；食材的那点温柔，又刚好微微平复了嘴里的辣味，如此搭配再合适不过。等不及吹凉就入口，龇牙咧嘴间香辣味喷涌而出，舌尖还未过瘾，心里已经是大大的满足。

泡菜是这里的标志物了，花5元钱点上一份，酸包心菜、酸萝卜、酸豆角、酸姜片就都有了，都是前一天新鲜腌制的，爽爽得脆口。店家还把自家泡制的泡椒、泡姜、泡菜等做为配料，和鱼、牛蛙等食材配伍研发出自己特色的泡椒系列。泡菜的酸辣味，还有鱼的鲜香味，这种巧妙的组合让人爱不释"口"，泡菜恋上鱼的故事从此开始。凉拌菜也是酸辣爽口，李庄大刀白肉、夫妻肺片、川味凉粉等，满桌子都是四川的元素和味道，

就连在四川念了几年书的同事都大赞地道！

当然，既然是个聚会的场所，必须得照顾个别经受不住辣味的小伙伴。清淡的黄瓜汤也是有的，家常的小炒也是备了的，但这毕竟是个无辣不欢的胜地，最好的办法还是入乡随俗吧。白沙泉的总店人流量大，空间是比较紧凑的，吃的是一个快活，如果对环境要求高些，不妨多走些路到萧山和良渚的新店，放慢节奏好好品味。

【川味泡菜馆】

共有 4 家店：总店在曙光路白沙泉 51 号，黄姑山路店位于黄姑山路 11 号，萧山店在金城路加州阳光三层 A 区，良渚店在良渚万科文化村食街 2 楼。

大川味道　川菜还是那么辣

《钱江晚报》美食专栏记者　邵奕颖

　　川川川，取名就十足的火辣，每一笔都是辣椒，每一口都让你体味辣的传神。号称要做到杭城最辣的大川，在自己的餐馆里，融入了对川菜的特有情感，每日吸引着四方食客的来访。

　　餐馆位于莫干山路与大关路口，上下两层，一到饭点就座无虚席，一进门，感觉就是那种特有聚餐氛围的地方。来这里的食客，很多都是老客，也有冲着大川的名号为尝这一口"最辣"远道慕名而来的吃货。老板大川时常亲自下厨。见到大川时，他正身穿火红色的厨师服从厨房出来，挺有"麻辣"范儿。

　　在大川餐馆里，不管是大川麻辣鱼、招牌葱烤蟹，还是开胃泡菜、五味虾、招牌螺蛳，选取的食材都挺常见，但是要将它们组合起来，烹饪出鲜美的味道，

着实是考验厨艺。

大川的味道，百味俱全，"三香三椒三料"得心应手。炒菜需有姜葱蒜，这是放之四海皆准的真理，但是三椒却是真理之上的翻新，是味的进一步扩充，四川人尤其把这"三椒"的花样弄得别出心裁，产生七滋八味。

第一次去大川，先上的一道川味凉粉，拌有花生，还撒有冰块，晶莹剔透的，嚼起来Q软有弹性，入有川味，对这里的菜先入为主的印象瞬间提升。

上菜速度挺快。接连着麻辣酸菜鱼、招牌螺蛳、泡椒蟹……浓浓的川味，不禁食欲大开。五味虾可以说是很见大川功力的一道菜。传说"五味虾"也被人叫做"怪味虾"，选取了时令的明虾或者沼虾，经大川一颠勺立马妙笔生花。这虾一入口，咸甜酸辣麻多种味道一起涌上来。

招牌菜臭豆腐是大川向寺庙里的和尚学的，选取的是江浙常见的臭豆腐，却加入泡椒、辣椒、姜丝，经拌、炒、爆、收，便成了川式臭豆腐。一端上来，色香味形器相得益彰。这臭豆腐味道非同寻常，臭中带酸，酸中带辣，辣中还夹杂着清爽。吃着大川的菜，总能辨出三五种不同的怪味来。

酸辣、麻辣、甚至变态辣，在大川的餐馆，绝对是让你舌尖穿越到重庆与成都。在夏季辣到麻与爽，甚至满头大汗，但你依旧喊爽，停不下口。

最后惊艳又难忘的是大川的独家点心——连渣但。这是用西米、糯米、牛奶等多味食材熬制而成，入口细腻滋润，清甜不失粥的醇厚。大川精心熬制，而且这是别家所没有的。

大川是重庆人，从 20 多年前就开始一心钻研川菜之道。现在的他，已经对做纯正的川菜形成了一套自己的心得。他说，10 多年前，他的川菜馆开在浙江大学西溪校区附近，后来几经迁徙，不变的是他对川菜的情有独钟。

在杭州，吃川味，想要吃到辣、特辣、变态辣，一定要去找大川师傅。

亲身经历验证，如果你爱食辣，不要错过大川味道，这里有辣的地道与过瘾；如果你没有食辣的习惯，更不妨到大川味道领略一下醋畅淋漓的感觉。

【川川川·大川味道】

莫干山路 763 号。

沸腾鱼乡　让麻辣在舌尖舞蹈

《今日早报》新闻中心记者　黄轶涵

　　川菜馆，杭州遍地开花，但口味最纯正的，却是一家以吃鱼闻名的店——"沸腾鱼乡"。总部位于北京的沸腾鱼乡，是全国连锁的知名餐饮品牌，在川菜界"德高望重"。

　　"沸腾鱼乡"2004年就来到杭州，第一家店安家在繁华的延安路；紧接着，第

二家店开业在黄姑山路美食一条街；第三家店立足在市中心武林路。

10年磨一剑，10年专注做川菜，"沸腾鱼乡"真的不一般。

水煮鱼的发源地，正是四川重庆。所以"沸腾鱼乡"的当家花旦，就是水煮鱼，食客进店必点必吃。

客人自己挑鱼，鱼池里有每天空运来的嘉陵江产的江团，还有清江鱼、黑鱼和草鱼。鱼重一般都在两斤以上，现称现杀现做，绝对新鲜。

"沸腾鱼乡"的水煮鱼，名副其实，很"沸腾"。端上桌的大盆鱼，底下豆芽垫底，中间是煮好的鱼，上面是厚厚的花椒和辣椒，还有"嗞嗞"作响滚开的油。

在上菜刹那，一股浓烈的麻辣鲜香的味道，瞬间就弥漫开来，使人鼻翼翕动，舌底生津。当服务员捞去辣椒和花椒配料，露出白润胜雪的鱼片时，更让人垂涎欲滴，不能自持，禁不住飞箸夹食。

鱼片辣而不燥，麻而不苦，鲜嫩爽滑，五六片下肚，只觉麻辣味挑逗于唇舌，翱翔于喉管，盘旋于脏腑，贯通于五体，禁不住暗叫一声痛快！那种享受美食的快感肆意地奔突流窜，让人如痴如醉，经久回味，不能平息！

　　"沸腾鱼乡"的第二道招牌菜——麻辣馋嘴蛙，同样叫人赞不绝口。在杭州，第一家做麻辣馋嘴蛙的餐馆，就是"沸腾鱼乡"。

　　这牛蛙，很讲究。牛蛙是广东品种，每只重量都控制在二两半左右。如此大小的牛蛙，肉质最细嫩鲜美。而且，牛蛙都是整只烹饪，货真价实；配菜依季节不同选用丝瓜或嫩黄瓜，同样特别入味。

　　"沸腾鱼乡"还十分人性化，为不嗜辣的食客，量身打造了几道清淡健康的营养小菜。

　　瓦缸青菜，就是其中之一。小时候，妈妈喂宝宝，除了奶粉，还有粥汤。就是一锅粥熬好后，最上面的那一层米汤，最有营养。瓦缸菜心，就是挑选最嫩的广东菜心，切成菜末，再加入粥汤烹饪。当然，吃完刺激的水煮鱼和馋嘴蛙，也适合来一碗浓稠的瓦缸青菜，既清口又营养。如果不吃辣，"沸腾鱼乡"专门有一款水煮鱼——沸腾酸萝卜鱼。用泡菜的制法做出来的酸萝卜，跟嫩鱼搭配在一起，味道很美妙，不辣，鱼汤也很鲜洁。

　　值得一提的是，"沸腾鱼乡"所有的调料，包括辣椒、泡椒、麻椒，都是重庆生产基地直接配送过来，地道正宗，尤其是泡姜，每一块姜都在坛子里泡制了半年以上。

对配料都如此上心，更何况是对每一条鱼。"沸腾鱼乡"用心做川菜，虏获吃客心。

【沸腾鱼乡】

杭州有3家店：分别位于延安南路18号近吴山广场，黄姑山路2—1号，武林路76号。

新丰小吃　开创大世界

《每日商报》美食专栏记者　卢荫衔

　　杭州是美食天堂，人气最旺的饮食店不是高星级宾馆，不是高档次的会所，而是街头小吃。

　　"新丰小吃"，就是这个小吃大世界中最引人注目的亮点。2001 年杭州市人民政府首批评定的餐饮名店，其中有两家"特色小吃"名店，而最令人心悦诚服的名店就是"新丰小吃"。

　　昔日的小吃店，是典型的小生产方式，单门独店，前店后厂。"新丰小吃"在

美食天地篇

杭州率先跳出这个传统小圈子，走向现代化经营之路：1996年，在原"新丰点心"店的基础上开设"新丰小吃"店，十多年后的今天，已扩展到20家连锁分店，最家喻户晓的门店是杭州城区的12家。"新丰小吃"

在市区的这12家连锁分店，遍布杭城的东西南北中。从闹市区延安路、庆春路，到秋涛路，以及浙江大学校区，分布合理，杭州市民基本上在住家附近就能够吃到香气扑鼻的"新丰"小吃，来自五湖四海的游客在景区周边也能找到久闻其名的"新丰小吃"，虽然并非一家门店，但12家现代化门店实施了自己特色的"五统一"：招牌、环境、产品、服务、质量统一优良，都能令人产生同样的感受，无论走进哪一家"新丰小吃"，消费者都吃得放心和开心。

"新丰小吃"以杭式点心为主，有8大系列60余种风味小吃，经营的品种以特味大包、虾肉小笼、喉头馒头、虾肉馄饨、牛肉粉丝、鸭血汤，还有面食、西点、冷饮等。门口还有特色的点心：糖沙翁、鸡粒包、麻球等。其中，新丰特味

大包和虾肉馄饨尤其受到顾客的欢迎。

杭州的小吃店遍布大街小巷，但消费者最喜欢吃的还是"新丰"小吃，除了店堂座无虚席外，外卖的柜台从早到晚都有人在排队购买，有的一买就是一大包，为的是让家里人都吃个饱。为什么"新丰小吃"的大包、小笼、馒头都吸引人的胃口？消费者的反映发自心底：好吃！扎实！点心的馅心特别实在，不像街头的有些点心咬了好几口都吃不到芯子。

小吃，要做到好吃也不容易，首先要原料新鲜正宗，"新丰小吃"的原料都是来自杭州肉联厂之类的品牌企业，每天现做现卖；其次是制作精细，配料调料讲

究技术，让人吃出色、香、味。比如虾肉馄饨采用高档强筋面粉特制加工，皮子白净光滑，久烧不糊，馅心采用新鲜夹心肉及河虾仁调制，口感鲜美嫩滑。"新丰小吃"不仅具有江南家乡风味，更有美味营养、吃起来方便、经济实惠的特点。尤

其是用传统发酵方法制作的特味大包，以肉嫩不腻、面粉口感咬劲足、汁水多、味道可口，而深受广大消费者的喜爱，一些国外游客吃了后，叫着"OK！OK！"

"新丰小吃"吃出大味道，因此在 2002 年中国美食节上，"新丰小吃"的特味大包、虾肉小笼、喉口馒头及牛肉粉丝被评为中国名点。

"新丰小吃"的大味道、大品牌，也开辟了人气兴旺的大市场。

最突出的例子，"新丰"大包一天卖出 7.5 万只，当然，这是 10 月 1 日这一天。小笼包也卖出 1 万客！

平时也同样热闹：在许多"新丰小吃"店门口，总有很多人排队，节假日的队伍更长了。大包、馒头外卖窗口和甜点外卖窗口分别排着两条"长龙"，队伍绵延数十米；更多的人涌向楼上堂食，热气腾腾的餐堂里，到处是挤挤操操的人。一位四处找座位的甘肃游客说，听人说"新丰小吃"味道不错，特意赶来尝尝，没想到人那么多，"不但找不到坐的位置，连站的地方都快没了。"

许府牛　不止是勾魂的美味

《都市周报》美食专栏记者　何　晨

　　"许府牛，勾魂的美味！像品尝红酒一样品一勺汤，在舌头上打个转，将你的味蕾即刻打开，并充满浓浓的牛肉香味，这就是许府牛。"

　　这段话，是许多食客印象中的许府牛——"许府牛杂"。

　　在山东潍坊，许府是一个大家族，许府老山东牛杂已有70多年的历史，在齐鲁大地美誉盛传。许家做牛杂的"秘制包"，颇似武侠小说里的武功秘籍。在铁锅里放入新鲜牛腿骨、牛排和牛肉，经过12小时的文火慢炖而成的高汤，高汤中再放入牛肚、牛舌、牛肝、牛百叶、牛心，加入中药材、花椒、八角等五味调料，

一锅鲜美异常的"许府老山东牛杂"就做成了，蘸着"许府秘制调料"来吃，别有一番风味。牛杂锅汤鲜美异常，远远就闻到扑鼻的香味。

许永军，许府牛创始人、掌舵人。他回忆说，"当年，我父亲就是在自家院子里煮牛杂，煮出来以后满院子香，很多老百姓一大早就排队来买一碗一碗的牛杂。"而直到现在，许多食客，也还是寻着这锅香味"闻香而来"的。

2004年，第一家"许府老山东牛杂"在杭州学院路上开业。原先端不上台面的街头小吃，在许永军店里变成了主打菜，当时在杭州独一份的牛杂火锅立刻吸引了很多尝新鲜的顾客。鲜美的汤底有着勾魂的魅力，这家牛杂火锅店名声一下传开，经常是很多饭馆还没有上座的时候，他家却已经坐满了来自四面八方的食客，店内香气四溢，人们吃得热火朝天。第一年，这家只有14张小桌子、面积不足100平方米的小店，就赚了100万元。

2005年，信义坊分店开业，以清水竹帘、刺绣屏风、古玩字画为装饰的门

店，映衬着美味的牛杂，让人觉得有品位，但又接地气。一开始，许永军先是在牛杂店门口摆上摊，3元钱一碗的牛杂，吸引了很多来闲逛的周边居民。没多久，这个消费不高但有美味、有品位的店再次火爆。

如今，新一代牛龙骨高汤大锅底，也已经香飘千里。新一代牛龙骨高汤大锅底，采用内燃式不锈钢锅作为熬制器具，锅中放入新鲜牛腿骨、牛龙骨、牛肉及甘草、排草、陈皮、白蔻、千里香、毕拔、枸杞、草果、沙参等30余味名贵中药材，并加入酒酿、甘蔗、京葱、大蒜等配料，文火细炖而成。汤底原汁原味、厚重浓郁、牛气飘香、营养十足。

而许府牛杂，也在中国大陆18个省市，开出了20家直营店和110家连锁加盟店，企业年产值3.5亿元，还开拓了新加坡分店，并计划在韩国上市。

许府牛加盟店成功率惊人（达到80%），"连"而又"锁"，许永军有一套神奇的黄金法则。

"开店遵循300∶30∶300∶30的规律。一个门店面积是300平方米，那么房租成本不高于30万元，年营业额至少达到300万元，而员工成本只占30万元。"但是，通过怎样的途径实现如此严苛的比例？

许府牛从三个方面入手：第一是培养员工一人多岗；第二是减少后厨的操作环节，向前端要成本；第三是简化产品种类。

"一家300平方米的店只要12个员工。后厨7人：一个主厨，一个高汤师傅，两个洗碗工，一个切配，两个传菜员；前厅5人：店长，收银，加3个服务员。"

但是，许永军强调高汤必须是门店现熬，因为那是品牌的核心所在。

此外，许府牛的菜单只有两种品类：火锅和凉菜，最大限度减少后厨

工作量，也减少了采购和储存等成本。

许永军还在牛杂火锅的基础上，开发出以牛肉为原材料的一系列绿色食品——许锦记包装产品。经过几年的发展，年销量超过3000万元。并与全国多所高校联手，发展职业教育，共同培养人才。和全国最大的牛肉生产商——内蒙古科尔沁牛业合作，由他们来供应最优质的牛产品。

"要做就做全球牛肉餐饮的第一品牌。"许永军意气风发，把握十足。

【许府牛】

信义坊连锁总部位于湖墅南路信义坊商街2号。

去一招鲜
吃千岛湖"淳"牌大鱼头

《今日早报》新闻中心记者　黄轶涵

　　很少有人知道，正宗的千岛湖有机鱼，在整个千岛湖，只有一个品牌——"淳"牌。而在杭州，也只有为数不多的几家饭店有卖，"一招鲜"就是其中之一。

　　"一招鲜"的老板，是对兄弟，土生土长的千岛湖人。到今年，兄弟俩在杭州做鱼头整十五年。所以，"一招鲜"的鱼头，既有千岛湖的原汁原味，也有杭州人

的口味情结。

　　"一招鲜"的鱼头，目前有十五种做法：红烧、剁椒、姜辣、土烧、酱煮、泡椒、香辣、酸菜、椒麻、鲜椒、孜然、蒜香、咖喱、番茄、原汁。而研发团队还致力于更多的创新——用最好的鱼，做出更好的口味。对兄弟俩而言，用好鱼，做好菜，做给爱吃鱼的朋友们吃，不但是一门生意更是一种责任。

　　口味多，自然选择的余地也就大，对于喜欢吃辣的朋友，剁椒和姜辣一定是不错的选择；想吃点辣，但又怕太辣的朋友，红烧鱼头很适合，点击率也最高；不想吃辣，但又想口味独特一点，那蒜香和咖喱就当仁不让成了首选；最传统也是最经典的当然非原汁鱼头莫属，既营养，又美味，几乎适合所有人。

　　千岛湖的鱼头都很大，重的一只有十几斤，最小的半只，也有两三斤。鱼头大，肉就厚，难入味。但是"一招鲜"的鱼头，除了本身就要求原汁原味的原汁鱼头外，其他各种口味鱼头，每个部位的鱼肉，吃起来同样有滋有味。原因就在于和鱼头搭配的各种佐料上。"一招鲜"烧鱼，不但要求鱼好，辅助材料同样有很多讲究。比如剁椒鱼头的剁椒，必须是专门从四川进货的长泡椒，先加工成片，再剁碎，再经过几个小时的熬制，最后和其他十多味秘制调料一起，全部渗透鱼头，就连鱼骨头啃起来也特别有滋味。

　　"一招鲜"的鱼头吃起来还有一点微甜。这股淡淡的鲜甜，不但抓住了杭州人

的胃，还引来了上海、江苏、嘉兴等地的吃客们，专程赶来"一招鲜"品尝鱼头。

盛鱼头用的脸盆大的青花瓷盘，也很考究，千岛湖特供，盘上刻有"千岛湖淳牌有机鱼"的字样。这盘子，也是鱼头正宗身份的象征。

俗话说"一热胜三鲜"，为了追求更好的口感，"一招鲜"研发团队经过多次试验，发现用持续加热的方式边烧边吃，不但鱼更入味，而且肉质更加鲜嫩，便在原用器皿上增加了韩式焖锅，用电磁炉热着吃，用这种方式吃鱼头想鱼不入味、不好吃都难！

"一招鲜"养鱼也讲究。装修时，就会在店里挖一个深一米的地下鱼池。地下鱼池，温度比鱼缸稳定，一般在12℃左右，而千岛湖的水温，也是这个温度。所以，即使一条鱼离开了千岛湖，养在杭州，也能保持千岛湖有机鱼的新鲜，原汁原味。

鱼头吃完了，剩下的汤汁千万别浪费，一定要再点一份"一招鲜"独有的桐

庐农家手工面。面先在滚水里氽熟，干捞上来，直接拌进鱼头汤里，浓稠的酱汁，紧裹着细面，酱汁入口即化，面条劲道十足。吃过鱼头再吃面，别有一番风味，还不浪费，全部光盘。

跟黑鱼一样，千岛湖的有机鱼也能"一鱼两吃"：鱼头十五种口味任您选，鱼身就做酸菜鱼，也能打成鱼圆，做汤，做杭三鲜等。

好水好饵出好鱼。千岛湖森林覆盖率达 94.7%，千岛湖湖水透明度 9 米以上，湖岸边种着成片的松树，每年四五月，松树开花，一刮大风，大量松花粉吹落湖里。湖里那些鱼，抢吃松花粉，所以长得特别壮。当然，从幼鱼到成品，也需要五六年时间，鱼的营养和美味自不必说啦，只等您一尝便知！

【一招鲜】
共有四家店：分别位于香积寺路 18 号，江城路 625 号，东新路 995 号，德苑路 58 号。

渝香隆　火锅是他最香浓

《钱江晚报》美食专栏记者　朱银玲

　　去过重庆，带回的是对那迷人山城以及豪爽当地人的回忆，而最为留恋的，就是重庆火锅。

大概三年前，朋友请客吃火锅，去的是保俶路上的"渝香隆"。朋友神秘兮兮道："这家店里有你想要的惊喜。"怀着一肚子的好奇进了这家说大不大、说小不小的火锅店。火锅一上，便知惊喜是什么——这锅底里透出的是浓浓的对于重庆火锅的想念。

这三年来，常常光顾"渝香隆"。尽管杭州城里的火锅店越开越多，却鲜有如此地道的重庆味。

如果以口味来区别，杭城的火锅店中，绝大多数都是成都火锅。

对于大多数巴蜀以外的食客来说，很难在看似一样的"麻辣"中找出什么差别。但事实上，重庆火锅起源较早，口味较厚，以麻辣见长，对麻的感受永远不及对辣的渴望，属酱香型。而成都火锅汤汁中名堂很多，即使最普遍的红味火锅，也以鸡、鱼、牛棒骨熬汤，在香味上，以五香味为主。二者最大的区别在于汤汁上，重庆火锅味道偏重，偏辣，成都火锅相对较淡，追求麻辣的均衡。

昔日重庆的老火锅馆内，特制高大的桌凳，铁、铜质的锅下，炭火熊熊，锅

里汤汁翻滚，食客居高临下，虎视眈眈盯着锅中的菜品，举杯挥箸。尤其盛夏临锅，在炉火熏烤中汗流浃背，吃得起劲时脱掉上衣赤膊上阵。那时，锅底以重油的毛肚汤汁为主，浓郁麻辣，那叫一个爽！

"渝香隆"的火锅，除了延续重庆的麻辣外，还创新了更接地气的汤底，例如清汤锅、牛油鸳鸯锅以及番茄鸳鸯锅等。适合不那么会吃辣的杭州人。

而在这些新创的锅底中，还有一道极其美味的，可以先食用后加汤的锅底——香辣虾。虾开背后，放进高温油锅中炸至金黄酥脆，后经秘制酱料的爆炒，加入葱姜蒜以及花生、黄瓜，香气四溢，色泽诱人。夹起一只放入口中，饱满的鲜香麻辣能俘获每一粒味蕾。尽管油没过了虾，但即使一人干完一锅，肠胃也不

美食天地篇

会有一丝的不适。这就是这锅虾的终极秘密——秘制调料。

"渝香隆"的老板是地道的重庆人,他说,2006年,"渝香隆"在杭州开出第一家店时,从厨师到服务员,全是重庆人。现在,杭州主城区有5家分店,富阳有两家分店。这么多年过去了,无论外界怎么变,他始终坚持自己的重庆味。

于是,在用食材上重庆味儿依旧十足。拿最经典的毛肚来说,价格不高,食材却极其新鲜。每天一大早,采购人员就忙着去屠宰场,购买刚被取下的牛肚。洗净、切片后,冰镇着递到食客们面前。一阵"七上八下"后,蘸一蘸特调的香油、蒜泥送入嘴中,既鲜嫩又充满嚼劲。

除此之外,重庆人每年过年都要吃的炸酥肉,也能在"渝香隆"中来一次邂逅。

火锅是他最香浓,只有亲口品尝方能知其滋味。在杭州,要吃地道重庆味,必选"渝香隆"。

【渝香隆重庆火锅】

杭州市有5家店:分别位于保俶路106号,上塘路427号,景昙路18-26号庆春银泰6层,秋涛北路178号,德胜路25号。

如果您到钱江边　一定要吃老方鱼

《钱江晚报》都市新闻部记者　方云凤

　　科学证明：鱼肉营养丰富，吃鱼使人聪明。杭州人与水为邻，天生喜欢吃鱼，也算是就地取材，占尽地利了。

　　杭州人吃鱼首先会想到钱塘江，因为钱塘江是杭州的母亲江，也是野生鱼之源。今天我推荐一个吃鱼的好地方，就是江边的"老方酒家"。

　　那次朋友请客，一共八个人，来到老方酒家。老方酒家鱼的品种很多，都是钱塘江野生鱼。很多鱼见都没有见过，更叫不出鱼名。朋友点了五种鱼，再加上

一盘钱塘江六月黄，打开冰啤，边喝边聊，不要太惬意哦！

最先端上来的是"汤烧小黄笋"。这道菜让见多识广的朱教授啧啧称奇："真的是黄笋哎，几十年都没见过喽！"一筷入口，肉质腴滑细腻，鲜嫩如鳝鱼；第二道为"雪菜蒸鳍鱼"，鳍鱼是深水鱼，结实有力，浑身都是豆瓣肉，被誉为鱼中的红烧肉，吃了还想吃。鳍鱼和雪菜一起蒸是绝配，咸鲜交融，甘美鲜淳；第三道是"雪鱼"。雪鱼肉质厚实饱满，没有小刺，香味浓郁；第四道叫"步鱼"，步鱼生活在30米以下的深水，身子修长，长着微翘的嘴和狡黠的小眼睛，卧在盘子里，色香味形俱佳；最后一道叫"桂花鱼"，桂花鱼身剖花刀，一分为二，几片火腿和几片咸菜点缀其间，咸鲜入味。那盘"钱塘江六月黄"同样叫绝，只见20几只小螃蟹叠在盘子中，大吊人胃口，味道更是鲜掉舌头，蟹壳和蟹爪都是美味。

我们一桌人风卷残云，吃到最后，鱼头鱼尾都不见了踪迹。乖乖，吃了这么多年的鱼，还从来没有吃过这么鲜美的鱼！

席间老板上来敬酒，老板姓方，胖胖的，身板很结实，脸上总是笑眯眯的，开餐馆30多年了。兴旺时，老方有七家店，现在就剩这家老店了。他感慨地说，这几年，鱼是越来越少了。

"现在鱼怎么捕哎？"大家问。说到捕鱼，老方两眼放光，侃侃而谈："捕鱼是渔民的技术活，靠的是本事、专业和经验。老方酒家多年来密切合作的捕捞队有40多人，都是江边的渔民，个个身怀绝技：高手渔民孔德强，引进日本雅马哈捕鱼设备，全江出击，可深入水下37米，专捉巨无霸；祖传三代的渔民海军，能摸清鱼群的走向、习性、时差，从不空网；还有善放吊钩、观潮头和辨风向的渔民阿凯和惯用地笼、虾笼的渔民强新、阿胖等。"

他家还有两道菜很有名。一道是土鸡煲，土鸡肉质滑嫩，透骨子的鲜；另一道是红烧甲鱼，甲鱼是从偏远乡村一只只收来的，因为太补了，行家指点说，吃过老方甲鱼，要好好跑两圈，这样才好吸收。

老方酒家也好找。因为来这儿的餐馆老板多，你沿着江边复兴路开车，不用辛苦看门牌，只要看到停着一长溜好车的地方，就是老方酒家了。

【老方酒家】

复兴路 195 号。

西旺冰室
给你我一段轻食时光

《钱江晚报》美食专栏记者　陈　婕

　　茶餐厅对杭州人并不陌生，曾经有一段日子我们一众小伙伴对丝袜奶茶着迷了，不厌其烦地满杭城到处寻找，甚至坐火车赶到上海，就为了那杯街头奶茶有"港味"。那是七八年前的事了。对时下许多年轻小朋友来说，喝杯奶茶这个简直称不上过瘾，因为处处开满了"正宗港式茶餐厅"。

　　茶餐厅迷人之处在于那份轻松随意。想象一下，一个有吃有喝的地方，没有冷热菜的拘束，一道一道想吃就吃。阳光照进玻璃窗，小伙伴叽叽喳喳，奶茶温润可口，港式烧腊香气扑鼻，新上的点心热气扶摇直上，还有各式炒菜任君挑

选⋯⋯对，这就是茶餐厅的时光。不过，在我看来，杭州的这记那记的茶餐厅还是有些"隆重"了，直至碰上了湖滨银泰里的西旺冰室。

作为杭州第一家"冰室"，它其实是在杭经营多年茶餐厅，西旺的新品牌。跟大而全的传统茶餐厅菜单相比，冰室的产品结构更纯粹，将主流产品保留外，"断舍离"是一种生活态度。老板说，冰室其实是茶餐厅的前身，但却符合杭州年轻人的消费习惯，倒也算是迎合时下复古风的潮流。

跟西旺湖滨老店相比，这家冰室选址在时髦现代的湖滨银泰，在形象和装潢上则不同于"香港大排档"，跟都市购物中心非常合拍。跟冰室这个怀旧的名称相比，有些时空混淆。可我们还是觉得它好自然好正宗。为什么？因为怀旧不必忠实于历史，而是一种情绪的需要，一种和口味认同有关的情绪。

一位同行的小伙伴如此形容，西旺冰室的菜单经典到想把店里的东西全点一遍，如此算起来一周来三次差不多能全扫一轮。无论是茶餐厅还是冰室，都少不了一个"烧"字。点上一盘烧味拼盘，一口下去，油汩汩地流出来，皮依旧香脆，

美食天地篇

却带着韧劲的感觉，才是介于吃肥厚和精肉之间的快感。

此处冰火菠萝包必然是要推荐的喽。将新鲜出炉的菠萝包夹上冰冷的牛油，半分钟后，牛油就会受菠萝包热的影响而溶化，包身被溶化的牛油染成金黄色。食用时，自然会比普通的菠萝包更多一层牛油的香味；流沙包让人又爱又恨，爱的是咬一口流沙直接出来；恨的是，没想到流得那么快，结果吃得很狼狈；传统腊味煲仔饭，锅巴丰满，必点；虾饺皇的虾仁厚实且完整，非常满足。

最后还得来说说丝袜奶茶，个人认为西旺的丝袜奶茶是有灵魂的，茶和奶都够浓，口感爽滑又香醇浓厚，从微涩的口感中品尝到的是西旺丝袜奶茶原料的讲究。就是这个味儿啦！

【西旺冰室】
延安路 258 号湖滨银泰 2 期 B1 楼 A023 室。

一碗销魂的馄饨

《钱江晚报》美食专栏编辑　罗　颖

编辑专栏，下班总是很迟，到晚上八九点钟，女儿稚嫩的声音常常从听筒里传来，"爸爸，快回来，我要吃馄饨。"我便推出自行车，骑三站路，到建国路"老馄饨王"打包生馄饨。

建国路上有一条美食街，靠近凤起路，就在建国路加油站的斜对面，一字排开十几家小店，有烧烤，有酸菜鱼，有港式煲仔饭。最多的还是馄饨店，有三四家，店名也雷同，生意最火的，当属"老馄饨王"。

  "老馄饨王"的馄饨品种很多，有菜肉的、大肉的、芹菜的……5岁女儿迷恋的是他家的大肉馄饨，吃了没几次，就上瘾了，吵着每天早上吃馄饨。他家的馄饨个大馅足，表皮老碱味重，肉馅又香又鲜又嫩，咬一口，还能溢出汁水。有点厌食的女儿一顿能吃上一大碗，实在让人惊喜。

  吃馄饨用的专用调味包内容很丰富，里面有紫菜、虾皮、蛋皮、鹌鹑蛋、榨菜末、葱花，搁一起倒在一个大碗里，用沸水一冲，汤的味道就出来了，咸鲜美味，真是锦上添花。

  "老馄饨王"的卤味也很棒，来的客人每桌必点，有杭州特色卤鸭、卤牛肉、卤鸡爪鸭爪、卤鸡胗鸭胗、卤鸭头鸭肫……卤味特别新鲜，每天下午2点开始卤，卤到5点。不过想吃要赶早，晚上12点，卤鸭准卖完了。

  管店的是一对夫妻，老板是典型的杭州人，微胖，略高，年龄不肯透露，说话办事慢条斯理，气定神闲，不过，两个眸子真够黑亮的；老板娘白净、清爽、爱笑，收银、端菜、招呼客人、帮厨……忙上忙下，不亦乐乎。

  吃得久了，看我几次三番诚心做徒弟的样子，老板娘动了菩萨心肠，终于松口，背着老公向我传授了一些包馄饨的技巧，我在这儿与大家分享。

  以前有样学样包馄饨，馅吃起来总是很柴很糙，肉还有一股腥臊味，百思不得其解。经老板娘一点拨才知道，包大肉馄饨肥瘦要四六开，最好选土猪肉，机器要绞打几遍，直至打碎成泥；加鸡蛋、水、味精、鸡精去腥味，水要分几次放，让肉纤维充分吸收，盐要最后放，因为盐是逼水的；朝一个方向用力搅拌使馅料均匀黏稠。汤要清爽，调味包要多放紫菜、虾皮来提鲜。

当然，"老馄饨王"的老板1990年开的店，25年了，想原汁原味地复制经典，肯定有点难度的。

另外，提醒一下大家，尽管地处市中心，商务楼多，中餐生意家家都很旺，但"老馄饨王"中午却不营业，按老板娘的话说，每天夜宵太晚了，白天不能"疲劳开店"，容易出差错，店铺也是自己的房子，没必要那么累。所以，想吃的朋友还是在晚餐和夜宵的时段来吧。

【老馄饨王】

建国北路146号。

美食天地篇

华侨饭店鸿福厅　西湖边的美满婚宴

《钱江晚报》文艺部记者　屠晨昕

　　人生最重要的时刻，任谁都会想拥有一个独立的豪华大厅，不受外界干扰，亲朋好友酣畅淋漓，最好能直面西湖；还有，价格能够实惠一些；如果把司仪、婚宴现场布置、婚车等一并解决，就更理想了。

　　华侨饭店"鸿福厅"，恰恰能实现这个理想。它不是最贵、最豪华的酒店，却是性价比最高、最适合工薪阶层的婚宴酒店之一。

　　近日，记者便来到华侨饭店"鸿福厅"，一探究竟。在湖滨路上，记者发现，华侨饭店就坐落在西湖边，地处六公园内，距西湖仅 50 米。极佳的地理位置，得天独厚。

　　入口处，放着一台大红色的古典花轿十分抢眼。而墙上还刻着"执子之手，与子偕老"八个大字，浪漫而温馨。进入鸿福厅，记者发现，这个厅布局十分方正，没有遮挡视线的柱子，可以轻松摆下 20 来桌，左右两侧均有硕大的玻璃窗，显得开放大气。

据负责人沈先生透露，早在 2006 年，华侨饭店"鸿福厅"便成为了杭州首家婚宴主题餐厅，独家推出了"婚宴超市"的概念，在婚宴操办上，提供一条龙服务。

这里，拥有完全独立的大厅、独立休息化妆区、VIP 贵宾房，赠送婚房，赠送全套婚庆服务，一个婚礼所需要的条件，都想到了。沈先生介绍，通常一对新人在婚庆公司要花 5000 元左右的服务费，而在这个主题餐厅，新娘化妆、现场布置、摄影、婚车、婚礼顾问等细节，酒店都会一揽子全部免费张罗好。

"无论你摆 20 桌、15 桌，甚至 10 桌，在婚宴期间，我们这个厅绝对不接散客。"沈先生说。而笔者注意到，如果是 21 桌以上的"百年好合"，便免费提供奥迪 A6L 豪华婚车一辆；而 26 桌以上的"永结同心"，免费的是奔驰 S600 或宝马 7 系超豪华轿车一辆，作为主婚车，那真是气派无比。

而且"鸿福厅"的团队善于策划各种形式的主题婚宴。驻场司仪阿丰被评为"2011 年杭州十佳司仪"，在婚庆这一行已经做了 11 年，至今已成为 1000 多对新人的见证人，驾驭婚宴大场面的经验，已炉火纯青。而 4 位键盘手，各有所长——杭州键盘界元老光头阿伟和来自北方的阿蒙，擅长唱歌和伴奏；出自杭州某知名综艺节目的阿峰，现场音效特别有一套；而东坡剧院的小胖，则是伴奏高手。

相信这样的阵容，足以让新人们享受一场美满婚宴。

【华侨饭店鸿福厅】

婚宴价格 2988 元 / 桌起，可以举办西式婚礼、中式婚礼、创意婚礼等。地址在湖滨路 39 号。

寒烟袅袅
民族风咖啡屋里招牌鲫鱼面飘香

《钱江晚报》美食专栏记者　邵奕颖

说起寒烟夏朵，不容易找寻，但很多杭城熟悉的文青都知道，就在白沙泉，绿树掩映中，有一间隐在闹市中宁静的咖啡小屋，来过一次便不再忘记。

咖啡冲调的香味，满满的丽江民族风陈列，还有舒缓的音乐，刚进入夏朵，内心会一下子变得和缓起来，仿佛踏上了丽江的慢生活节奏。

这是一家丽江民族风味十足的咖啡馆，无论细节还是氛围，置身其中就仿佛误入了一个世外桃源，有点邂逅佳人的意味。

一角书架，一楼一间屋子里简直填满了各种书，往往已没有了座位，客人一般会选择上二楼。

水壶、花瓶、复古电话……楼上到处摆有各种从旅行途中淘回的小物，看似无意却被精心充斥在这咖啡屋里，配合着音乐，带着某种流浪的自由感。地方不大，却着实让人沉迷，那些小物件堆叠起来的仿佛是厚厚的时光。

二楼阳光房里生意盎然，绿色植物盆栽，或摆放或悬在棚顶；实木的桌

子铺着格纹的棉布，迷你鸟笼设计的蜡烛罩，用金属片镀制的五角心纸巾架，复古的欧式台灯，铁皮桶内插着紫色干花。

桌上，藏青的碎花桌布，牛皮纸手写菜单，茶缸里是温的柠檬水，陶瓷大碗是烟灰缸。

翻开寒烟的牛皮纸菜单，全是手写的，五彩的笔画出寒烟的一种斑斓。茶饮齐备，还有各类主食小食。

鲫鱼面是寒烟的招牌，是食客必点美食之一。寒烟很贴心，面条还可以换成米线或者年糕，只要根据客人的需求与口味。鲫鱼是一整条放在汤面里的，肥美的鲫鱼，细润的面条，温润养人，滋味鲜香……咖啡馆里卖鲫鱼面，还卖成了招牌，这便可略见"寒烟"的随性与精致。

服务员端上一杯鲜榨苹果胡萝卜汁，浮着新鲜的泡沫。端起来饮一口，一种舒润的感觉由口沁心。

咖啡馆的主人寒烟姐姐并不时常出现，这是一位坊间的神秘女子，从放在柜台的名片上可以模糊地看到寒烟本人的油画形象，很瘦，长发，神情淡然。但是在咖啡馆，清晰可见，她将自己喜爱的元素渗透到馆内的点滴。

据说寒烟这个柔软的名字，是因为老板向往琼瑶小说中美丽、知性的女子，仅这个名字，就给了这家咖啡馆一种别样的味道。

从丽江而来，仿佛是不在此处的风情，就像被一阵风从丽江吹过来的云朵，就这么轻飘飘地在杭州落了下来。

现在，寒烟在杭州已经开出了多家咖啡馆，店的风格相似，桌上摆着花草、店里的隔板上堆放着寒烟搜集的各类物品。颇具风格的咖啡馆，正吸引着越来越多的文艺青年。

【寒烟姐姐的店】

寒烟在劳动路128-1号，夏朵在白沙泉46号，秋雨在阔石板路53号，春韵在高技街41-2号。寒烟梧桐在下沙学源街1142号，这家店倾尽了寒烟姐姐的心思，被视为收官之作，面积也最大，有800多平方米。还有一家杂货铺也叫寒烟梧桐，位置在河坊街104-106号。

新庭记土菜馆　杭州乡土菜先行者

《杭州日报》美食专栏记者　柯　静

今年最红的，毋庸置疑当属乡土菜。土菜让人陶醉的不仅是来自大地造就的美食，更有隐藏在醇香美食背后的那种乡土气息，以及来源于悠长岁月浸淫的浓郁乡土文化。我们吃了太多精雕细琢的东西，难免会怀念那种农家风味的淳朴。

而在杭州，扎根土菜十年之久的餐饮企业不多，"新庭记"就是其中一家。

从天城路上的一家小店起步，"新庭记"出品的土菜不多装饰，调味只有盐、油、酱油，配料也只是姜、葱、蒜，一口大锅，好吃看得见。即便一方豆腐也是豆精挑，水严选，炖出的盐卤豆腐才回味悠长。

正因其始终秉持的良心出品，选最优土食材，遵循最地道的土菜制法，一季一味，"新庭记"的土菜在杭州获得了最广泛的好口碑。从城东到城西，从杭州闹市区延安路到转塘周边，"新庭记"总是有着最广泛的吃客，堪称杭州城里历史最久、规模最大的土菜餐厅连锁企业，这是实至名归的。

美食天地篇

土灶大锅菜第一家

每家"新庭记"的店堂进门，都有一溜大灶。大灶上一只只大铁锅，咕咕冒着香气。人未走近，香气已经袭来。可不要小瞧这些大锅炖菜，这可都是经过杭州百姓十年的味蕾考验。杭州城里大小餐厅，支起炉灶，把大锅炖菜端到店堂内来卖的餐厅，"新庭记"是第一家。

2004 年，"新庭记"从金华砂锅店转型为土菜馆，老板彭绍庭就寻思着怎么能让客人知道这里土菜是又放心又好吃。一来二去，厨师出生的彭绍庭想到了不如直接把大锅端到店面里，现烧现盛，那香气那卖相，就是好味道的最好佐证，就是十足的金字招牌。

于是，筒骨烧萝卜、土猪肉炖毛笋、盐卤豆腐，这些农家土菜都被一一引到了"新庭记"的大灶上。蜂拥而至的杭州市民，进门必点土猪肉炖毛笋、盐卤豆腐，而更多的餐厅则派出了厨师团队来偷拳头，一时间，杭州城里土灶大锅菜风行。

“新庭记”作为杭州土菜成长的见证者，则将土灶大锅菜进行了一次又一次的改良。从柴灶到煤饼炉，从煤气灶到现在的无烟炭；从大砂锅到不锈钢桶，从钢精锅到现在的大缸，“新庭记”的大土灶大锅菜烹的还是那味食材，用的还是那种烧法，灶头和器皿的升级换代，带来的是更健康的餐饮理念和更喷香的土菜味道。

上天入地收食材

“新庭记”做的是土菜，讲究的是原汁原味。用老食客的话来说，就是“鱼有鱼味，鸡有鸡味，菜有菜味”。每天早上5点不到，“新庭记”分布在桐乡、建德、淳安等地的货车，就出发去定点农家采购。8点左右满满一车原料回到杭州，分送至“新庭记”的各家分店。“这些年，每天在各地采购原料，面包车就跑破了好几辆。”彭绍庭说。

土法腌制的喷香猪头，长在富春江中不到1厘米的小虾，一刀刀手工切制的萧山萝卜干，与红艳艳剁椒一起蒸的腌鱼干⋯⋯既然做土菜，那就是将“土”进行到底。每个季度，“新庭记”都根据时令，更新土菜品类。

在这里吃土菜，丰简由人。一道18元农家玉米糊，绝不用成品的玉米粉，只用老玉米在后厨磨成的粉，然后加高汤熬制，加入了香糯的青菜和雪菜，所以色泽金黄，喷香诱人。笋干系列菜是“新庭记”的招牌菜。因为这里用的笋干和笋特别好，特别是毛笋

干，"新庭记"专门派人去临安和安徽交界处收来的，农家用桑树枝木炭熏制，笋干有一股特别的树木清香。

如果你还想吃一点特别的土菜，比如市面少见的老板鲫鱼、Q滑有弹力的野猪爪，都可以提早预订。"新庭记"浸淫土菜圈十多年，遍布全省乃至全国的采购网络，几天就能买到所需食材。

金秋土菜不断档

天气进入深秋，在"新庭记"有两样土食材卖得不错。一是猪肚，二是菜干。现代人讲究养身。燕窝鱼翅海参早就不是餐桌的主基调，猪肚之类的食材后来者居上，野猪肚更是难得的食补好货色，暖胃健体。在"新庭记"，沿用了农家做猪肚的手法，加一点农家黄酱提味，与自己腌制的咸筒骨同煮，野猪肚喷香脆爽，久煮而不失口感。

而菜干的优劣更是鉴定一家土菜馆正宗与否的硬杠子。因为有着一手滋味绵长、醇厚的菜干，那就意味着这家土菜馆进货靠谱，与农家关系牢靠。

"新庭记"卖得最俏的还有茄子干和豇豆干。土猪肉烧豇豆干、大碗花肉茄子干，一定得小火慢煨，把肉香一点点渗入菜干的纹理中，想象一下，碗中的菜干能绽放到华丽的黝黑颜色，那该是多大的诱惑！

【新庭记】

共有 6 家店：分别位于天城路 147 号，文晖路 356 号，百井坊巷 50 号，转塘镇中村 278 号，小河路 388-8 号，金家渡路 277 号。

新发现餐厅
用热情点燃味蕾

《钱江晚报》美食专栏记者　朱银玲

我喜欢这样的餐厅：装修没有太多"刻意追求"的痕迹；灯光不用很亮，够暖就行。这儿的美食最好有特色又极具性价比，这儿的服务得让人舒心。

常常听见谁谁说，哪儿又开了家新餐厅，很有特色。满心向往前去，发现它们中的多数不过是哗众取宠罢了。

人说：吃乃人生一大事。因此，必须得走心。什么叫走心？吃得愉快，便就是了。所谓的"特色"大抵是留不住回头客的。

如此多年，作为一名吃货，走过很多城市，吃过很多美食。而最让人留恋的，

还是那些让我真正感到愉悦的餐厅。

我在杭州遇见一家，叫"新发现"。

一个微笑美了一顿餐

"新发现"是一家连锁餐厅。在杭州，有8家，我去过其中的不少。

最常去的，也是离市中心最近的，在解百新元华。我喜欢周末去，那时的人最多，尽管要排队，也是最能感受人间烟火的时间。尤其是逛完街后，在店门口趁排队时间小憩，闻一闻店内的美食香，疲乏也就散了。

挨到号子后，永远都有人迎接你。他可能是个帅气的小伙，也可能是个腼腆的姑娘。但是他（她）们都笑靥如花，让人倍感亲切。

店长告诉我，这儿的员工几乎都是80、90后。他们自由、向上，有着用不完的热情。所以放眼看去，与其他餐厅偶尔还打个哈欠，伸伸懒腰的服务员不同，他们行走疾风，收拾快速。他们穿着彩色斑点的工作服，就像与死板的"行规"say no一般，在黑色的"传统工作服"中特立独行。

据说，其实每家店的员工服都不一样，会根据店内装修风格专门定制。而这些工作服所要展示的，就只有两个字——活力。

"一家餐厅如果没有活力，那死气沉沉的氛围一定让人倒胃口。"不记得是哪位吃货说的了，总之一个餐厅的活力，确实能给它的魅力值增分不少。毕竟吃，最重要是开心。一个微笑就能美了一顿餐，才是极实在的。

别具风味的特色菜，精心装点的风格

杭城近些年的"特色餐厅"实在是太多了。除了自然风景外，似乎没有几家店可以用一道特色菜占据吃货的心。而"新发现"，这家并不高调的餐厅，却拥有着众多的"忠实粉"。在极具性价比的餐点上，他们也没忘记留下一两道"每客必点"的菜肴，比如农家手工麻糍、"新发现"鱼头王、石锅黄豆焖茄荚……

拿农家手工麻糍来说，外层被油煎至金黄，里层却依旧软嫩。咬一口，糯米因手工打成而更显嚼劲，加上特制的花生佐味，那一股黏糊糊的甜蜜，可以久久缠绕在唇齿间。而这样一道主打餐点，在"新发现"只要 18 元，若是成了会员，参加门店活动，还能直接享受半价，也就是 9 元。无论是做餐前甜点，

还是餐后主食，都是最为完美的呈现。

当然，酸甜苦辣俱全，才能称为"完餐"。除了手工麻糍的甜，"新发现"还有其余更为丰富的口味。例如鱼头王辣得过瘾，野山菌煨龙骨汤鲜香，"新发现"烤羊排酥脆，牛肉酸萝卜清爽……据店长介绍，"新发现"在主打"杭帮菜、民间炭火瓦罐煨汤、家常菜、江浙菜、川菜等"菜系的基础上增加了更多新的时尚 elements 及时尚菜系，让食客们有更健康多彩的选择。

而用来衬托这些美味的，就要属店内颇具风格的装修了。"新发现"在装修上颇费心思，以怀旧老上海的风格为主调。红砖铁墙旧地板将你与现代都市的快节奏生活隔离开来，将这个无时无刻不在用"新"来取代"旧"的年代隐去，恍若时光逆转，与她一起邂逅在旧上海时代的某个角落，在物我两忘中安静地享受环境与美食。

低调、不按常理出牌的老板，很是神秘

据说，"新发现"的员工们有一个崇拜的"神"，也就是他们的老板张华卫。

"新发现"发展迅猛，风头一时无二，但张华卫却是个极其低调个性的老板。70后的他，总是跟员工们打成一片。他不戴手表，不穿显眼的大牌，却对员工极其大方。"每个月发工资，他都会看一眼工资表，看谁的低了，就想着加一些。"一位员工偷偷描述他心中的好老板、好兄长。

当然，这个不按常理出牌的老板，总是有"没有最多只有更多的"、"不合常理"的举动。比如，他常常"微服私访"，佯装顾客，去门店觅食。"菜量是不是少了点？""这个菜火候过了吧"。公司的高管都曾收到过老板发来的"图配文"微信，督促自己改进。

或许也正是有了这个低调且认真的老板，"新发现"的发展之路才走得如此顺畅。从十几年前下沙大学城外的一个大排档，逐步领跑下沙餐饮业，到如今旗下拥有三大品牌，十几家规模门店的连锁餐饮品牌，她在变得越来越 fashion，越来越有知名度。

来到这些餐厅，不仅能因享受了完美的服务而收获好心情，还能听一听他们眼中那神秘老板的消息，颇为有趣。

【新发现餐厅】

　　杭州有 8 家店：分别是下沙新星宇店，下沙野风海天城店，新塘路店，小河路店，莫干山路店，西溪印象城店，解百新元华店，龙湖时代天街店；宁波市有两家店，宁波银泰城店和宁波高鑫广场店；上海有 1 家店，即上海万达广场店。旗下还拥有杭州大厦游船码头漕运会·运河水上船会所餐厅和四季风情大酒店。四季风情大酒店在杭州有两家店：分别是四季风情天目山路店和四季风情下沙六号大街店。

海鲜量贩 苏醒你的味蕾

《今日早报》文体部记者 马 良

　　玻璃水缸里张牙舞爪的螃蟹；地上堆着形状各异的贝类；碎冰上银闪闪发亮的海鲈鱼、梅童……你的味蕾，就在看到它们的那一刻，苏醒了。

　　开了很多年的"皇冠鼎府"，如今以大排档的海鲜量贩，成了海鲜控饕餮的乐园。

　　虽然，现在越来越多的创意餐厅都聚拢到杭城各个"巨无霸"综合体内，然而，精致的餐厅找不到大啖海鲜的畅快淋漓。只有在这里，生猛的视觉冲击下，你才能感受到。

海鲜哪里肥腴鲜美就去哪里进货

　　住在城东一带的食客，都知道"鼎府"开了有些年，餐厅富丽堂皇的风格和巨大的体量，似乎更适合商务聚餐和婚宴。

不过，"鼎府"悄悄变身，推出了杭城独有的海鲜量贩模式。

海鲜量贩是这样的——就算你以海鲜吃货自居，走进"鼎府"的海鲜区，也不见得就敢拍着胸脯说，这里所有的鱼虾、贝类，自己通通见过吃过。

而作为这样一家海鲜量贩餐厅的老板，又怎能没有一颗热爱海鲜的吃货心？

执行董事长卢连仁，经常是深夜亲自驱车赶往象山、宁波等地去进货，到凌晨3点多才赶回杭州。他们还有自己的"小分队"，和象山当地的渔船合作，到岸的渔货直送酒店，以确保新鲜度。

对海鲜来说，原料比烹饪技巧更重要。所以，哪里的海鲜肥腴鲜美，卢连仁的心里最有谱。

长相新奇的深海鱼虾蟹，负责让你的就餐瞬间高大上起来，因为这些看着生猛的海鲜，都是远渡重洋的外来客。

美食天地篇

"鼎府"上桌的辽参，用的都是新鲜辽参。鲍鱼、扇贝这样的贝类，也大多大连直发。

大连地处北温带，近海年平均水温在10℃左右，年平均降水量在550～950毫米之间，海水含盐量为30‰左右，这样的海域中，海产品营养丰富，味道鲜美。而大连海域独特的礁石则特别适合贝类生长。

浙江本地的象山、舟山、台州、温州等东海小海鲜，更是"鼎府"海鲜区当仁不让的主角，膏蟹、青蟹、梅童、鲳鱼……哪一样不是让人看一眼就猛咽口水？

在一般餐厅里昂贵的海鲜，在这里却开启了量贩模式，特别亲民。

海鲜区墙上的一张大表格，清清楚楚地写明每一种海鲜当前的市场价，以及不同烧法的加工费用。

卢连仁说，海鲜进来什么价格，就卖什么价格，我们只收取加工费，"比如现在梭子蟹20元一斤，我就卖这个价，再收取一定的加工费。而一般餐厅，梭子蟹毛利至少50%，也就起码要卖40元一斤。"

原味浓烧都能成为海鲜招牌菜

杭州的海鲜餐厅，海鲜做法大部分不是象山、舟山地方烧法，就是台州地方

烧法。而"鼎府"的海鲜，恰恰融合了这些地方海鲜烧法的精髓，集合了各种海鲜的经典烧法。

譬如，舟山人喜爱的鲳鱼烧粉丝，在这里东海的野生小鲳鱼却和娃娃菜成了亲密的好搭档；喝一口用它们炖出来的奶白色汤汁，就恨不得要给大厨的这个创意点个赞。

新鲜的海鲜原汁原味的做法，肯定是最受饕客喜爱的。特别是新鲜的鱼虾，清蒸和盐水煮着吃，肉质细嫩，清鲜中还带着鱼虾蟹本身的一丝丝甜味。

农历九月以后的梭子蟹，肥满鲜甜，被称为"膏蟹"。每到这个季节，爱吃的杭州人就开始想念那一道沁人心脾的黄酒倒笃蟹。

"鼎府"的这道海鲜招牌菜，专门请了象山大厨来料理。上等的红膏蟹，加上10年陈的黄酒，简简单单地将梭子蟹倒置于黄酒中一蒸，就用浓郁的酒香，勾出了蟹肉的醇鲜，别有江南风味。

掰开一条蟹腿，一缕缕的蟹肉，饱含汤汁，轻轻嘬一口，齿颊充溢着鲜香，顿感满足。

除了原汁原味的水煮、清蒸，一些咸香浓郁的渔家烧法也颇得杭州吃货的推崇。

台州人喜欢用海花煲汤，他们夸张地说，那可是要鲜掉眉毛的。海花在杭州的市场里并不多见，它学名"海葵"，是一种软体海产，它的肉质鲜嫩脆爽，富有

弹性。如果你想品尝海花，不妨来"鼎府"点一道海花烧豆面，这是又一道台州招牌菜，它会让你感受海花的另一种滋味。

秋冬天，装着红烧海花豆面（粉丝）的砂锅端上来，热腾腾的，特别暖心。虽是汤煮的，但上桌时汤汁已经收干，隐约可以看到咸五花肉、洋葱丝和香菇丝。原本脆爽的海花经气锅略煮，吃起来软糯了不少，而豆面则滑溜溜带一点韧劲，用筷子夹着吸溜，都能闻到一丝海鲜特有的味儿。

无论是大菜还是小鲜、清蒸还是浓烧，这里的大厨都有办法让你爱上海鲜。

【鼎府餐厅】

杭州有两家店：分别位于天城路88号皇冠大酒店1-2楼和俞章路120号。

传奇，从百年老店皇饭儿说起

《精英汇》杂志执行主编　农丽琼

　　吴山脚下的河坊街和高银街，距西湖仅一步之遥，在这里云集了许多餐饮店，成为游客休息、领略江南美食风味的根据地。在一路的店家中，皇饭儿与王润兴酒楼这两家酒店无疑是最为红火热闹的，究其原因，与两个传奇故事有关。

故事一：乾隆御笔题词赞赏有加

　　据记载，乾隆曾六次乘船顺着大运河南下，到江南一带微服私访，体察民情、游山玩水。话说有一次下江南，乾隆独自一人游览吴山。眷恋山色之际，忽降大雨，匆忙之中躲进了吴山脚下一家饭馆的屋檐下。岂料大雨不止，乾隆身上分文未带，饥肠辘辘之时，只好入店请求店主施予便饭。店主见来者如此狼狈，心生同情，便取了半个鱼头、一块豆腐，加上一点儿豆瓣酱烧制成菜，热情招待。虽

美食天地篇

然是家常的烧法，但是鲜美可口的味道，让食尽山珍海味的皇帝赞赏不已。此店就是当年清河坊街上的王润兴饭馆，来年乾隆再下江南，为谢当年一餐之情，御笔亲题"皇饭儿"三字，一时之间，此饭馆声名鹊起。

如今河坊街的皇饭儿和王润兴酒楼，便是传承了当年的菜肴特色以及餐饮文化，继续演绎江南美食的无穷魅力。而那一道让乾隆点头称赞的菜肴，早已冠上了霸气的名字，成为名震四方的招牌菜"乾隆鱼头"。经过几百年的锤炼，口感蒸蒸日上，不少食客不远千里而来，奔的就是这一道佳肴！

故事二：新生代传奇当家人屠荣生

说起当家人屠荣生，他的传奇经历总让人津津乐道。屠荣生生在厨师家庭，外公是厨师，父亲也是厨师，从小他就在炉灶边长大，耳濡目染，学会了不少烹饪技巧。20 世纪 90 年代初，又师从杭帮菜泰斗胡忠英勤学苦练，得到恩师的倾囊相授，技艺精进。胡大师对这位高徒尤为垂爱，他总是说："我这个徒弟天资没得说，胆子也蛮大，天生就是块开酒店的好材料。"

于是乎，屠荣生年纪轻轻就获取了许多厨师梦寐以求的荣誉，拿到无数烹饪大奖。1996 年，屠荣生作为浙江省唯一一名推荐选手，参加了在上海举行的世界烹饪大赛。凭借其"初生牛犊不怕虎"的大无畏精神和精湛的厨艺，一举摘取了世

界烹饪大赛的桂冠！

如今的他，已是中国烹饪大师、中国烹饪国家级评委、杭州市餐饮协会副会长、上城区人大代表、上城区工商联副会长、清河坊历史街区商会副会长。旗下除了皇饭儿、王润兴两家餐饮姊妹店外，还拥有满江红、厨工坊、云江阁等多家大酒店。

"在做经营的同时，我一直都坚持做菜，皇饭儿、王润兴的名菜都是我亲自配的料，每一道菜的程序都很繁复，但没有我的同意，谁都不能私自改动一点点。"屠荣生笃定地说。

在屠荣生的带领下，酒店技术力量雄厚，拥有一支由多名高级烹饪师、一级厨师组成的厨艺队伍。

五朵金花美轮美奂

满江红大酒店坐落在杭城繁华的商贸、文化、交通中心的城站广场南侧，江城路865～867号。斥巨资精心打造的满江红大酒店具有低调而奢华的风格，墙面的手工雕饰都是由金箔贴制而成，而头顶的法国水晶灯动辄要价20万元，至于围着耀眼玫瑰花的法式餐盘，一个就要3000元。经营面积近4000平方米，二楼的休闲餐厅，可以让您在就餐时领略舒适的休闲氛围；三楼宽敞雅致的大厅可以容纳400～500人同时用餐，并有豪华包厢30个。整体装修新颖别致、环境幽雅，是团队及个人聚亲会友、品味佳肴的理想去处。

位于河坊街101～103号的王润兴酒楼和位于高银街53号的皇饭儿酒楼，是两家百年老字号，经营面积均在600平方米左右，装修的别致高雅，古色古香，文化韵味十足。

厨工坊酒楼位于中山南路473号（鼓楼南侧），占地1000平方米，古朴、典

雅、幽静。建筑具有典型的江南园林特色，和胡雪岩故居遥遥相对，同时可容纳1000人就餐，目前已成为众多国际旅行团队、游客必选餐厅。

云江阁酒店在钱塘江边上，是一个舒适的餐馆，宽敞通透又漂亮。面积1600平方米，在一楼和二楼都有大厅，几百人可舒服入座。二楼有12个包厢，有的包厢可以安排两三桌，大的餐桌可以安坐20人，包厢名字也很有意义，与云与江息息相关：临江仙、望海潮、望江雨、钱塘月色、春江水、西江月、永遇乐、渔家傲、碧云天、水龙吟……成为老百姓近山临江享受品质生活的美丽阁楼。除了诸多杭帮名菜，云江阁的鲜活海鲜水产和钱塘江野生鱼也特别受青睐，食客们纷至沓来，经常爆满。

缤纷美味演绎经典

多年来，屠荣生一直追求和倡导"挖掘中华传统饮食，勇于学习突破传承与创新"的理念，并将这一理念灌输到这五家餐饮公司的经营上。

例如，"王太守八宝豆腐"是一道源自于明代的特色菜肴，颇受欢迎。相传此菜原本为宫廷御膳，后康熙作为恩赐，赏给了尚书徐建庵，尚书门生楼村又学得此法，传给其孙王太守，故有此名。屠董经过挖掘、整理，重现了其润滑的口感和鲜美的滋味，成为脍炙人口的菜肴之一。有熟客言，到这几家饭馆吃饭，不仅是快慰脾胃的事情，也是了解和发扬中华美食文化的绝佳途径呢！

"乾隆鱼头"有三好：鱼头豆腐好酱料。鱼头是厨师长每日定时定点去西湖为五家门店统一采购的，每个鱼头至少要两斤半以上，鱼嘴后面肉不能超过两指半，野生健康，品质有保障。豆腐都是一寸半见方，半寸厚的大小，用菜油两面煎透，和鱼头一起在小炉子上滚透至少 25 分钟，直到酥而不烂。"乾隆鱼头"的酱料，更是屠荣生根据祖传配方历经十几年的研制和改良，使得豆腐有鱼味，鱼有酱味，汤汁又饱含豆腐的香、鱼头的鲜以及酱料的醇厚，塑造出立体的美味新体验，每一位吃过的朋友都赞不绝口，毕竟这是御膳房都做不出的美味鱼头！

作为专营杭州本帮菜的餐馆，对"怀胎鲫鱼"这道老杭州耳熟能详的菜也进行了创意提升。专取钱塘江不小于一斤八两的野生鲫鱼，创新在鱼腹中裹入肉末、笋丁、毛豆、香菇等健康鲜蔬，鱼肉嫩滑鲜美，肉末营养扎实。值得一提的是，鱼腹中的肉末可是皇饭儿的厨师们一刀刀手工剁出来，不同于机器绞出来的肉末，特别 Q 弹紧致，锁住了所有的精华和美味，尝过鱼头不妨一试新美味。

王润兴的咸件儿被称为杭州最好吃的“咸件儿”，此菜焖蒸结合，肉质香酥不腻，薄皮细肉的五花夹心，红如胭脂，白如洁玉，色彩分明，鲜嫩入味。说起咸件儿，颇有故事。旧时“家乡南肉”是饭店常备菜，大块烹制保温，食时现吃现切，按件供应，故又称“咸件儿”，是一只富有地方风味的传统菜。“家乡南肉”即咸肉，相传宋代义乌籍老帅宗泽，依靠军民抗金。身居南方的家乡人民千里送猪肉去犒劳将士，为防腐，用盐腌制，经风吹日晒，异香扑鼻。将士都去问宗元帅：“这是什么好吃的肉？”宗泽感慨地回答道：“此乃我家乡肉也。”从此，“家乡南肉”成了咸肉的美名。

“情趣葡萄鱼”有着翠绿欲滴的叶子，饱满酒红的果实，像极了一大串成熟的葡萄，创意十足，抓人眼球。鱼选用的是东星斑，东星斑是深海里的掠食者，肉质细嫩异常又少刺，价格不菲。但要把凶猛的东星斑做成模样可人又可口的“葡萄”，堪称百炼刚化成绕指柔，十分考验大厨们的真功夫。热心的朱大厨介绍了做法：东星斑活杀取精华，腌渍后做成鱼片；挑选进口葡萄，去皮和籽；用鱼片将葡萄逐个包上，过油，淋汁，装盘。其中过油时的火候极为关键，即要保证鱼肉的成熟度，又不能使葡萄过度受热而颜色发黑。仔细地搛一粒葡萄鱼入口，鱼肉芬芳，葡萄酸甜，一种秋天里收获的喜悦感顿时溢满心头。食过葡萄鱼，神仙也羡慕。这款“情趣葡萄鱼”在2004年首届《百家食谱》美食精品大赛中，荣获金勺奖。

带着浓郁南洋风味的“椰汁糕”，单店每天能热卖上百份。冷却定型的椰糕，好似杏仁果冻，切成长条状，裹上层层粉浆后，早已等不及扑通扑通跳下锅。翻滚的椰汁糕，如同悠游的金鱼在油锅中慢慢地炸出怡人的香味。做好的椰汁糕呈金黄色，就像块块金砖，切开一瞧，椰糕软绵雪白，外酥内嫩诱人食欲。入口感觉外皮非常脆，特香甜，口感非常Q。

当然，特色美味的佳肴说也说不完，闲暇之余，请您一定要来尝一尝。

慧娟面馆
好吃的面，好吃的菜

《钱江晚报》美食专栏编辑　罗　颖

杭州人爱吃面，知名的面馆有很多，人气最旺的莫过于“慧娟面馆”。

“十年前经常来‘慧娟面馆’吃面，只要到杭州必来，今天上午起床突然想吃（面条），于是就买了高铁票过来，我是不是疯了？”一位拥趸如是说。

2007 年，易中天教授两次到杭州，竟都悄然只身前往面馆饱尝“片儿川”，其中一碗便是来自望江门的“慧娟面馆”。

其实到过“慧娟面馆”的“腕儿”还真不少，有老狼、张纪中、金庸、李泉、刘欢、温兆伦等，甚至张国荣都曾经来过。在杭州城内随便拦下一辆出租车，说“去

慧娟"，出租车司机便不再问，就风驰电掣地把你带到了望江门的慧娟面馆总店。有些司机还爱念叨："慧娟有两个女儿，毛漂亮嘞，有没见到过？"

在"慧娟"，吃一碗面常常要等半个小时。仅有300余平方米的面馆，何以能27年如一日镇守望江门，并收获了如此良好的口碑？故事显然有点长……

27年前的望江门，自然不如现在热闹，慧娟当时的美好愿望，也只限于让街坊邻居吃上实惠的面条。料不到的是，凭借日常对家常菜的拿捏，将烧菜的功夫用到做面上，竟然烧出了自己的特色！开业的第一天，25公斤面条一售而光，"慧娟面馆"踏出了成功的第一步。再后来，经营者的目标有了突破——"让杭州人吃到最好的面条！"并将这一句话当做一个承诺去实现，并注重每一个细节的履行。一碗面，其面条的功力十分讲究。"慧娟面馆"从最早的手工面，到如今成立自己的生产基地，对面粉的质量、卫生状况和面条的柔韧度都精益求精。而在口感上，慧娟面馆始终做自己的特色，以每年开发一到两个新品种的速度，如今在这家面馆能品尝到汤面31种、干面8种。这些口味的开发，不只是品种上的创新，更多的是不断迎合现代人的口味。还有，面必须一碗一烧，保证入味和火候。

最贵的面是35元一碗的"虾爆鳝面"。虾爆鳝面顾名思义，面条的浇头里有虾和鳝鱼。两种河鲜搭配面条，要做出天下第一的面点，自然每一步工序都不能含糊。"慧娟面馆"的虾爆鳝面，鳝鱼选用的是大拇指粗细、每斤5条左右的壮年活鳝，汆熟后划去背脊骨，片成长度一寸左右、两侧肉相连的双排鳝片；虾仁一定要是鲜河虾，挤取虾仁后用盐及少许酒腌渍过，再用鸡蛋清混合湿淀粉上浆，放

冰箱内冷藏片刻后供使用，以保证虾仁新鲜滑爽。面粉用精加工面粉，碱性适中，富有韧性。只见鳝片微黄如淡金，香脆爽口；虾仁洁白如玉，清鲜滑嫩；面条柔滑透鲜，味浓宜人，鳝、虾、面的香味有机地融合在一起，让人胃口大开。

最便宜的面10元一碗，有青菜肉丝面、青椒香干肉丝面、榨菜肉丝面、豆瓣面，同样是汤汁浓郁，鲜香味美。

慧娟的面好吃，慧娟的菜同样出彩。在明档区有卤鸭、白切鸡、醉三鲜、泡椒凤爪、红烧大肉、千张包、温州腊鸭舌等，现点现吃。她家的卤鸭有口皆碑，特别好吃，鸭肉酥烂微甜，丰厚多汁，酱香浓郁，令人百吃不厌。

特色热菜也有很多，比如湖蟹煲、松子鲈鱼、招牌酸菜鱼、老鸭煲，点击率都很高。酸菜鱼用深底的盆子装，量很足，鱼片很嫩很滑，汤汁酸带微辣，味道刚刚好。还有红烧豆腐鱼、葱油蛏子等海鲜美食。

常常可以看到慧娟，她戴着纯棉的圆帽、穿着干净的围裙、身体微微发福，那眼神暖暖的、笑眯眯的，像可亲可敬的妈妈。

【慧娟面馆】

共有5家店：分别位于望江路132号，景西路11—14号，学院路292号，万塘路262号，萧山金鸡路496号。

王晓静：
我家的小龙虾最 "杭州"

《钱江晚报》美食专栏编辑　罗　颖

杭城一入夏，在望江门一带的小龙虾聚集地又开始人声鼎沸。

"天气越热，小龙虾生意就越好。"一想到鲜嫩味足、口有余香的龙虾肉，杭城龙虾客的馋念再度复发。一到下午 5 点半，胡雪岩故居前的老牌龙虾小店变得越加人满为患。

　　不要店名、无须宣传，其中一家杭州人开的无名龙虾店让不少食客觉得有滋有味。起先从狭长小巷里开始的"螺蛳壳"店铺，11 年来，在王晓静和母亲还有舅舅的手里左挪右移换了三家店面。最早的时候根本没有门牌号码；后来搬到望江路 203 号；再后来租约到期，王晓静搬回到望江路 227 号。当然，顾客也跟着她们的店转来转去。小店前面，卡宴、兰博基尼、玛莎拉蒂等豪车时有出现。

　　走近这家无名小店，门口上方挂着一盏红灯笼。按照王晓静的说法，这就是小店的"招牌"。"别人家都是一排红灯笼，我们家就只有一盏红灯笼。"步入庭院，七八个工人忙着洗虾、准备原料。王晓静很坦然地说：没什么好避讳的，每个步骤都活生生展现在食客面前。再往里走，两个开间，都沿着白墙打圈摆放着一些桌子、凳子。"幸好客人们都不挑剔，互不相识的人拼桌是常有的事。一张四人桌有时还得挤下五六个人。"

　　食客们爱吃她的小龙虾，最主要是爱她家小龙虾的"杭州味道"。烹饪的佐料主要有京葱、大蒜头、一颗生姜、一颗香香果，再加酱油、糖、老酒，略带甜甜的味道，就像是油爆虾的小龙虾版。虽做法不复杂，却紧紧抓住了杭州人敏感的胃。用的虾也是杭州周边的嫩壳虾，咬下去感觉壳薄肉质鲜，弹牙入味，颜色红润光泽。

美食天地篇

王晓静每天都要准备 250 公斤鲜活的小龙虾。为了保证质量，一家人都要细细挑选，虾肉不饱满的"瘦子"就会被直接 OUT 掉。夏夜是杭城吃小龙虾的旺季，缺货是个大问题。王晓静联络了一家供货商长期合作。"有时候，晚上 8 点钟就断货了，他还可以赶紧再送 100 公斤过来。"

还有，要去的朋友一定要记牢预订。因为都是晓静自己家人烧的，每天 250 公斤，卖光为止，再多家人就搪不牢了。一般，前一天就订出一半多，当天中午、下午继续预订。下午 4 点多开张，9 点不到就已经卖完了，不预订是很难吃得上的。现场来吃，即使来得早，偶尔运气好吃得上，那也最起码得等两个小时。早几年前，王晓静挺着七八个月大的肚子，还在店里看着。为什么？没她不行啊，客人等不到位子就要"造反"，但是再彪悍的客人也怕她，一声呵斥"吵啥西！"顿时店里一片安静。

小店的预订电话和手机绑定着。王晓静说，每一年里手机就得打坏一个。

到了 11 月份，龙虾淡季，念着她家味道的食客，喜欢来吃香辣湖蟹煲和香辣明虾，这两道菜是从小龙虾做法中演变过来的。

【王晓静龙虾馆】

望江路 227 号（胡雪岩故居旁）。

去最"时尚"的面馆
和杭州版关之琳喝一杯

《钱江晚报》美食专栏编辑　罗　颖

对于不搞情调、随性而至的男人们来说，喝个夜老酒还是角落头的小馆子最踏实。"面条就酒，越吃越有。"这些江湖小馆子大多越夜越热闹，最接地气，老板都是深藏不露的高手，光是老板的精彩八卦就够你下酒了。

20世纪90年代初，到望江门一带吃面，是当时"时尚人士"的一种时髦活动，虽然那时的平乐和慧娟，只是两个简易的摊棚，那时最"时尚"的面，也只不过是"砂锅片儿川"。想当年，一个小小的面摊，吃夜宵、吃面的人，里三圈外三圈地包围着，食客们戏称"外三环"、"内三环"。有多少人，打着的从拱宸桥赶到

望江门，吃碗面条就心满意足地再打的回去。

平乐面馆的老板娘陈萍，那时还是个 20 多岁的小女孩，有"杭州版关之琳"之称。"平乐的小老板娘长得像关之琳！"这个消息在江湖上一传开，平乐的面卖得比以前更火了。自然，食客中多了一批专程为了来看"关之琳"的。

喝夜老酒，少不了来几样下酒菜。除了烧面条的功夫，平乐面馆出名的还有杭派小炒。小炒是最考验火候的，而火候掌握是要靠多年灶上功夫的经验积累，才能驾轻就熟。平乐的厨师能将火候掌握得炉火纯青，将口味挑剔的老杭州们伺候得服服帖帖。爆双花，是一道入味脆爽的下酒好菜。将每天新鲜的墨鱼切成花片；腰花要用生姜、葱段、花椒腌制，去除腰花的膻味，再去除血水；最后起一个红火的大油锅，急火爆炒，即可出锅。

虾爆鳝是一道传统的杭帮菜，平乐的虾爆鳝不拍粉，还去了骨，口感更加醇香脆嫩，老少皆宜，尤其是刚刚出锅的虾爆鳝，那鳝段脆嫩中还透着浓浓的锅香味。杭州人对河虾向来是青睐有加，这道虾爆鳝的虾仁，一定要用现剥的鲜河虾仁，才够清鲜美味。

简简单单一道糖醋里脊，却足见大厨功夫。外面的面糊被爆得香脆可口，里面的里脊鲜嫩。酱汁也是很见功夫，汁头长，夹起一块里脊来，可以拉出长长的细丝来，糖、醋、油间的比例掌握得十分老到。

羊肉锅仔，选用的是湖羊的前腿肉，用陈皮、桂皮、茴香、香叶、豆蔻、肉蔻等香料，卤制 5 小时，将羊肉完全卤透入味。再拿来放在锅仔里慢慢地炖，在这大冬天，圆桌上摆着一锅子煮得热气腾腾的羊肉，浓浓的羊肉香味中，更添温暖团圆的氛围。

【平乐面馆】

望江路 118 号。

华辰国际　缤纷美味自助餐

《都市周报》美食专栏记者　陶　煜

　　对于吃货们来说，有什么比一顿海纳百川的自助餐来得吸引人呢？大肆品嚼自助餐时，你会觉得世界都在围着自己转，现开的生蚝，琳琅满目的海鲜台，热气腾腾的老火汤，现做的意大利面和比萨，还有各色模样可人的甜品和冰激凌……就算你有再强悍的精神堡垒，在美食美味面前也会丢盔卸甲，一窝蜂冲进那香味醋畅的美食天堂。

　　这个天堂，就在杭州华辰国际饭店的 19 楼。

环境，谁能抗拒西湖旖旎

　　作为杭州商业区西子湖畔平海路上璀璨的明珠，四星级商务会议型绿色旅游

饭店——杭州华辰国际饭店从来都是高雅、商务的代名词。

尽管华辰国际饭店离西湖咫尺之遥，是周边林立的大厦熙来攘往的商务人群的不二之选。然而，经营者还是降低门槛向都市白领和居家百姓伸出了热情的双手，开业至今一直保持着亲和的姿态。

这里的座上宾除了西装革履的商务人士，还有三五结伴的时尚白领以及扶老携幼的度假客。享受超值是这些人对华辰国际饭店 19 楼四季西餐厅的第一印象。不少人第一次来到华辰国际饭店就喜欢上 19 楼四季西餐厅的自助餐，并在后来成为这里的常客。周一至周五午餐时段，鱼贯而入的往往是酒店住宿、开会的宾客以及前来周边公干或接待前来洽商业务的金领、高级白领；但除此之外的晚餐时段以及周末双休日，杭州本地客来吃个自助餐更是家常便饭。

步入 19 楼四季西餐厅，洁净的餐台、锃亮的餐具、柔和的灯光、悠悠飘来的美妙音乐以及亲切的笑容所呈现出来的一种高雅格调着实让人流连忘返。靠窗的一排位置更是抢手，在这里，西湖的旖旎尽收眼底。

美食，一顿饭周游联合国

到底怎么样的自助餐算是性价比高呢？首先要有不限量供应的海鲜，品种的多寡、分量的多少，添加速度的快慢，都会成为高手衡量此自助餐档次的标准。

海鲜档，是 19 楼四季西餐厅最受欢迎的档口。三文鱼从挪威到杭州，不会超过 30 小时，肉质富有弹性，脂肪含量也较少。目前，华辰国际饭店每天能用掉三四条三文鱼，销量在杭州名列前茅。卖得越快，自然也就越新鲜。除此之外，蓝青口、

阿拉斯加雪蟹腿、玫瑰螺、俄罗斯紫蟹……各有各的拥趸，一些初来乍到者喜出望外，不知从何下手！

不过，你千万别在海鲜档口就止步不前，自助餐台的动线经过精心布局，中西、冷热餐合理搭配，依照店内菜品摆放顺序依次就能达到合理餐饮搭配的目的，完全不需要营养学家站出来指手画脚的。

热菜档口没有华而不实的菜肴，一道茶树菇炖排骨，汤汁稠浓，醇香诱人，炖汤久煨而不沸、不施明火、不伤食材，使原料鲜味及营养成分充分融于汤中。烧烤档生色俱全，鲜嫩可口的肉串，在旺火中烧烤，加入的浓浓的调料，入味香浓，一口咬下去，马上刺激您的味蕾。西餐更是花样百出，法式焗蜗牛、意大利海鲜帕兰达焗芝士都是主厨的拿手好戏，还有一样特色，这里的意大利面也是现煮的。意大利面的世界就像是千变万化的万花筒，各种组合变化，你试试能做出多少种花样。很多女孩子吃自助餐，吃完了海鲜，就直接取甜点了。无论你的牛排多嫩，鹅肝多贵，都比不上甜品的魅力无穷。甜品也是四季西餐厅一大特色，不仅品种多多，造型也十分漂亮养眼。提拉米苏让人情不自禁地在一勺勺的挖掘中感受一点一点的惊喜，布朗尼浓郁中混合着可可的微苦，还有栗子泡芙的新鲜松软，芝士蛋糕的香浓细滑。

菜品赞，心情更赞。餐厅充满大快朵颐的氛围，随时随地被服务着的心情也是极为享受的部分。嗯，没办法，杭州胃口就是喜欢吃遍全球的花样经。

【华辰国际饭店】

平海路 25 号。

来西湖旋转餐厅　拥抱西湖吧

《都市周报》美食专栏记者　陶　煜

"水光潋滟晴方好，山色空蒙雨亦奇。"西湖旖旎的风光总让人着迷。

但放眼杭州城，在哪个餐厅才能真正拥抱西湖，饱览湖光山色，享受天人合一的感觉呢？

不用思考，吃货们肯定会选友好饭店20楼的西湖旋转餐厅，没有之一！

友好饭店位于平海路53号，紧邻西湖。平海路是杭州的"西门町"，杭州城繁华所在。如果平海路向西延伸，可以把西子湖分成大小均衡的两个部分；如果有一双长臂，在这个位置围拢来可以给西湖一个最热烈地正面拥抱。

最难得的是，西湖旋转餐厅可以360°俯瞰美景。360°的旋转，360°的视角，视野开阔，毫无阻拦。西子湖像缓缓展开的精美画卷，由北向南，保俶塔、灵隐寺、断桥、曲苑、小瀛洲、雷峰塔尽收眼底。加上那种来自高空的情调，那种旋转的、令人眩晕的浪漫无法抗拒。友好饭店西湖旋转餐厅素有最佳求婚餐厅的美名，成功率百分百。

除了美景，美食同样值得期待。友好饭店西湖旋转餐厅有个强大的餐饮团队，每年都会举办四到五次轰动杭城的大型美食节，每天晚上多达300个品种的自助餐，丰盛程度在杭州那可是数一数二。

　　海鲜档口摆得琳琅满目。虾蟹外，北极贝、青口贝、翡翠螺、北美银鳕鱼、扇贝等高端海鲜应有尽有；三文鱼、红金枪、白金枪各种刺身一个都不会少；阿拉斯加雪蟹的蟹脚大到霸道，太诱人；还有大厨堂灼加拿大象拔蚌，配上谭家菜的黄焖汤汁，美味可口又营养丰富。烧腊档口是这里的重头戏，烤乳猪的香气直入心扉，撩拨着吃货的心。

　　吃过特色的卤水后，务必尝尝只有高档餐厅才有的辽参、雪蛤、姬松茸！每一样食材都让人"眼红心跳"。而木瓜香茅燕之露显然是女士们的专属甜品，香茅的异香和木瓜的清香纠缠在一起，浸润在晶莹剔透如云朵般美妙的雪蛤中，滋味久久在舌尖萦绕……

　　拥抱西湖，就来西湖旋转餐厅！体验古人未曾达到的高度，还有那美妙的旋转，说不定你也会诗兴大发，吟出永流传的诗词佳句。

【西湖旋转餐厅】
　　平海路53号友好饭店20楼。

一条米鱼　迷住了名厨胡忠英

《都市周报》美食专栏记者　何　晨

　　1992 年，一位 16 岁的懵懂少年，只身从安徽巢湖来杭学习厨艺。经过 20 多年的打拼，如今事业有成，成为多家酒店和大排档的老板，他就是"大唐海鲜"的掌门人唐延胜。

　　今天，让我们循着吃客的脚步到"大唐海鲜"近江店看一看。

　　"大唐海鲜"在近江海鲜大排档有 4 个铺位，2006 年开业的，2014 年 6 月又全新装修，也是第一批入驻近江的商户，熟客多，生意一直很火爆。

　　一般情况，排档服务员在下午 4 点，开市以前，吃一顿，到晚上 9 点多，要再吃一顿夜宵的。但"大唐海鲜"的夜宵生意实在是好，服务员常常不得不饿到凌晨 2 点多，才能吃上一点东西。而老板唐延胜，他自己每天最起码快走一万步以上，赶着招呼客人啊。

舟山的白蟹和带鱼最赞

"大唐"的招牌菜中，有一道"倒笃蟹"，几乎每桌必点，人人必吃。蟹选用的是一斤以上的优质舟山深海大白蟹。烹饪时白蟹洗净切开竖立盘中，洒满名酒——绍兴花雕酒蒸制。蒸好的大白蟹蟹壳火艳艳的红，强烈地冲击着食客们的视觉感官，让人兴奋不已，再加上浓浓的海鲜味和四溢的名酒醇香，更让人垂涎欲滴。掰开一瓣瞧瞧，里面都是雪白雪白紧实的肉，入口缠绵有韧性，鲜美无比，还伴有丝丝清甜，沁人心脾。

"野生带籽虾"用的是沈家门鲜活的带籽虾，做醉虾或者盐水虾最好不过，也是当地渔民的做法，原汁原味。"现在真正的东海带鱼，要二三百元一斤，比东星斑还贵。"唐延胜说，有时有钱还不一定买得到好的货。除了码头上的渔民，他还和舟山的海钓俱乐部挂钩，有好的货就直接打包发杭州。有时就一条鱼打个包，单独发过来，运费就要七八十元。

传说的金牌"米鱼四吃"

招牌菜中的"金牌"，当然是大唐的野生米鱼。米鱼，也叫鮸鱼，肉味鲜美，是经济价值和营养价值都很高的鱼类。米鱼全身都是宝，野生米鱼嘴唇黄黄的，

酒炖鱼胶

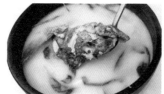

鱼头豆腐汤

家烧米鱼骨

抱腌米鱼

除了鱼肉现杀抱腌、清蒸，鱼胶、鱼头、鱼骨髓，都是既营养又美味，鱼胶更是滋补上品。

"大唐"店里的米鱼，大多在1～3公斤，据说，"大唐"卖过最大的米鱼有30多斤。二三斤重的，就鱼头鱼肉一鱼两吃；四五斤以上的，就是"大唐"招牌的"米鱼四吃"。据说，餐饮圈泰斗、中华十大名厨胡忠英大师，很是喜欢"大唐"这里的野生米鱼。

米鱼第一吃——酒炖鱼胶。米鱼胶改刀，加入枸杞、红枣、党参等药材，放入花雕酒和自家熬制的酒炖汁（这种酒炖汁是大唐自己熬制的，10多种香料、药材，加冰糖，熬制3小时，鲜甜味，清香馥郁），小火慢炖25分钟，用炖盅按位上。酒炖鱼胶，酒香扑鼻，鱼胶柔韧，汤汁清甜鲜美，营养滋补。

米鱼第二吃——鱼头豆腐汤。米鱼头处理干净，用猪油煎至结壳，香味浓郁，迅速倒入开水，小火炖半个小时，加入嫩豆腐，加少许花雕酒，调味即可。鱼头鲜美，豆腐鲜嫩，汤汁浓郁鲜香。

米鱼第三吃——抱腌米鱼。米鱼肉粗盐抱腌半小时，迅速沥出水分，加入白糖等调味，喷少许花雕酒、白酒，放入蒸笼蒸6～8分钟。鱼肉鲜滑，一层层一片片，筷子一夹即开。

米鱼第四吃——家烧米鱼骨。米鱼骨架切成青豆大小；姜末、蒜末、干辣椒用油煸香，放入香菇末、芹菜末、笋末，再倒入鱼骨架，喷上黄酒，加入酱油、老抽、醋、白糖、少许辣酱，加水炖8分钟，汤汁收稠；撒上少许味精、胡椒粉即可。鱼骨农家烧法，入味鲜美。

"大唐海鲜"凭借多年来的"货真价实和诚信经营"，赢得了好口碑，征服了一批又一批口味挑剔的客人。亲爱的朋友，如果你来杭州，一定要来"大唐海鲜"尝一尝这超新鲜的舟山海鲜哟！

【大唐海鲜】
在近江海鲜大排档21-24号。

"虾兵蟹将"来了 谁能挡

《今日早报》文体部记者 马 良

一走近信义坊海鲜大排档，门口就是"虾兵蟹将"，地上有一些搬运海鲜留下的水渍，空气里飘浮着淡淡的海腥味，可是，一看到档口冰块上铺得满满的鱼虾蟹，在灯光下闪着海货特有的新鲜光泽，你的眼睛和脚步，就再也挪不开了。

吃什么，一个眼神就心领神会

晚上 10 点，很多餐馆已经打烊，而在"虾兵蟹将"，却灯火如昼，人声鼎沸，食客们推杯换盏，吃得正酣。置身其中，亢奋的因子立马点燃。

在这里，矜持或正襟危坐都是不合时宜的，你只管穿着人字拖进来，撸起袖子，呷一口鲜啤，对着一盘盘贝壳虾蟹一通猛啃，然后对着堆得高高的骨碟，心满意足地打个饱嗝。

来这里吃夜宵，你千万不要很"外行"地问老板要菜单。老板程家良会笑盈盈地带你到档口的海鲜前，告诉你想吃什么自己挑。

若是一枚海鲜控，你会发现，站在那里用手指直接戳着满眼的海鲜点菜，那种挥斥方遒般的兴奋劲儿，让任何高大上的菜单都黯然失色。

熟客早已和点菜员达成默契，吃什么，一个眼神就心领神会；而新客也会很快适应这种直接的点菜方式。

其实，菜单是有的，在每个店员的心里。

你点大白蟹，他们会告诉你，可以蒸杭州人爱吃的倒笃蟹，也可以蛋黄焗蟹；你点杜鳗，他们会告诉你：可以雪菜蒸，也可以熬汤……总之，每一种海鲜，都会有几种烧法，任君选择。

铜盆一品鲜

美食天地篇

杭式黄鱼烧年糕

而即使没有菜单，你也不必担心账单。人气爆棚的海鲜排档，实惠是秘诀之一。

别看"虾兵蟹将"现在是信义坊海鲜大排档中生意最火的店家，其实，老板曾经是个对海鲜一窍不通的北方人。他说，6 年前，刚开始进货，两眼一抹黑，海鲜不认得几种，就凭谁家货单上的字写得清楚，就跟谁买。

而现在，他早已对海鲜如数家珍。红膏蟹属温州炎亭的最好，大白蟹要吃舟山的……如果你拿不定主意，听听他的推荐准没错。

民间智慧，闪烁在海鲜排档里

同一种海鲜，地域不同，做法也不尽相同。一个家烧黄鱼，温州人会带汤白煮，象山人则喜欢用酱油切块烧。而比起象山、舟山、温州等地，杭州人的口味偏重。所以他家的不少海鲜菜，都略作改良。

红烧鱼籽鱼泡，一听名字就知道不是什么海鲜大菜，对于冲着生猛海鲜前来的食客，常常是被忽略的。可是程家良会把这道家常红烧菜，推荐给食客。凭着多年的海鲜排档经验，他知道杭州人一定喜欢。

黄鱼籽与千岛湖大鱼的鱼泡，海鲜与湖鲜的奇特组合，再用重口味红烧，口感咸鲜中带着胶质感。在清淡为主的海鲜排档菜品中，反而成了必点菜。

招牌菜"虾兵蟹将"，则是一道姿造盛品的原生态海鲜大菜！

它将石蟹、明虾、小鲍鱼、大毛蟹脚、香螺、花蛤、蛏子、淡菜等食材，用海盐炙烤——将粗颗粒的海盐放在锅里炒热后铺满铁盘，放上各式小海鲜，让经过加热后的海盐，慢慢将咸味渗透进贝壳或蟹壳内。小火炙烤20分钟后，海盐炙烤海鲜后带出浓郁的香味，混合着海洋的风味，让人无法抗拒。

这是最具海洋味道，也最原汁原味的做法，不需要蘸任何调料，轻轻咬开蟹壳，就能尝到螃蟹最纯粹的鲜。

在这里，你还能吃到《舌尖上的中国第二季》中推荐的白灼望潮和跳跳鱼。

白灼望潮，听菜名很清淡，做法却生猛得很。厨师把活的望潮，放入辣椒汁中，望潮迅速收缩，再把它拿来白灼。这样做出来的望潮，肉质爽脆而有咬劲。

像这样的民间厨房智慧，常常闪烁在看似寻常的海鲜排档里。

海鲜，就是这样一种奇特的美食，可以傲娇地卧在酒店精致的餐盘中，也可以翻滚在简陋的大排档热锅中。

不同的滋味，却一样惹人爱。

【虾兵蟹将】

信义坊海鲜大排档内。

蛋黄焗蟹

咸炝蟹
渔家风味真味道

《都市周报》美食专栏记者　何　晨

　　"咸炝蟹"是一道很风靡的地方特色美食。带个炝字，却与灶火无关，做法的原理就是通过盐来腌渍，最大程度的保留蟹的鲜嫩口感。爱者甘之如饴，如同一位网友所述：遗传基因在口味这件事上有神奇的作用。我妈老家在宁波，我虽然不在那个城市长大，但是我第一口吃到咸炝蟹的时候就爱上了。宁波海边长大的人，到了城市发疯般地满大街找咸炝蟹。

　　在杭州"咸炝蟹"是一家店名，也是这家店老板的外号。1989年，吴建方23

岁，开始在龙翔桥做海鲜生意。老杭州都知道，那时候龙翔桥有个很有名的海鲜市场。当年，大大小小的饭店，海鲜大部分都来自这个市场。现在，杭城许多海鲜批发和海鲜酒店的大腕级人物，不少都是从当年的龙翔桥做出山的。

吴建方的咸炝蟹手艺，是从奶奶那辈传承下来的，做得货真价实、口味好，凡是到市场里买咸炝蟹，一定是找他。一来二去，"咸炝蟹"就成了他的外号，真名反而没有几个人知道了。2004 年，龙翔桥海鲜市场拆了，"咸炝蟹"就在江湖上失去了消息。到了 2007 年，一个老食客在信义坊海鲜大排档吃饭，惊奇地发现，当年的"咸炝蟹"重出江湖了！原来，吴建方在信义坊海鲜大排档开了个店，店名就叫"咸炝蟹"。

店里大名鼎鼎的招牌菜当然就是咸炝蟹了。咸炝蟹肉色洁白晶莹，满壳红膏，清香浓郁，风味独特。这里光是卖咸炝蟹，一年就要卖掉六吨。每年 12 月份，沈家门的野生膏蟹肉厚膏肥。这时候，吴建方一定会去沈家门待上大半个月。他天天吃住在渔码头边，只要渔船一到岸，他就首先上船，一只只亲手挑选活蟹。一般一船 1000 公斤的蟹，他最多只能选出 200 只，然后立刻放进零下几十摄氏度的冰库里冻起来。吃的时候从冰库取出，当天现腌现卖，跟活蟹一样的口感。每天光是腌蟹，就要花上两个钟头，腌制的调料就有 7～8 种。因为是在蟹季统一收

购，店里的咸炝蟹，也是全年统一价，48元一只，价格真是公道——哪怕是春节和禁渔期，蟹价很高的时候，这里照样卖这个价！每天，店里只腌200只咸炝蟹，因为每桌必点，往往不到晚上12点就卖完了。

要是来晚了没吃到这咸炝蟹，也不用嘴馋，店里的其他菜味道也蛮赞。海鲜大杂烩是舟山渔民在船上经常吃的菜，把小石蟹、硬壳虾、辣螺、花螺、香螺、小八爪鱼、花蛤、文蛤、海带、蛏子等十来种小海鲜，加上新鲜姜皮，用清水一煮，就鲜到让你再也忘不掉！要特别注意的是，烧这道菜一定要把小贝类的泥沙洗干净，只要一个没洗干净，那整锅海鲜大杂烩就得倒掉了。店里用的鱿鱼是二十多斤的野生鱿鱼，肉头厚实，口感又脆又弹，嚼起来"咔呲咔呲"的，可以白灼蘸酱油吃，也可以用雪菜炒或者青红椒炒。口味重的话，则可以试试铁板酱烤。

【咸炝蟹】

信义坊海鲜大排档内。

海鲜姿造：
诱人的姿态，海鲜的盛宴

《钱江晚报》美食专栏记者　邵奕颖

说起海鲜，食客们脑海中肯定会闪现出东南西北各家小海鲜餐馆，但是，要把海鲜与豆捞结合起来，吃出一种独特的品位与氛围，在杭州不得不提一个叫"海

鲜姿造"的地方。

何谓"姿造"？ 姿造是一个新词，字面上理解，就是姿色、造型，隐约可以感觉到一份妖娆和美丽。用在饮食上，姿造一词的意思就是以独特的盛放和摆设方式来营造诱人的就餐氛围，着重于把味觉升华到视觉的观赏价值。海鲜姿造，顾名思义，已经将海鲜作为一款艺术品般对待了。

那么，酒店是如何把海鲜烹制出一种与众不同的风味呢？

在"海鲜姿造"门口，远远的你就能发现，各种生猛鲜活的海鲜都在眼前游动，海鲜齐聚，颇有大闹东海龙宫之势。取材于此，足见店家展示食材新鲜度的信心。

开敞式的大厅，有设计感的座位，装修简洁又不失雅致，聚餐的环境里多了几分互动与惬意。

不仅如此，过往的食客评价，这里的食材经过厨艺大师的深加工，一件件鲜活的食材转瞬间就加工成了一件件精美的艺术品，它们造型千姿百态，栩栩如生，恰如其分地展现出各种美食的精髓所在。所以，匆匆进门，美好的印象吸引我们迫不及待地开动大餐。

"海鲜姿造"的豆捞，搭配火锅和配菜来吃的，一人一个小火锅，丰盛、新

鲜、精美。有清汤、菌汤和重庆香辣汤等多种锅底可供选择。

第一道菜是深海多宝鱼姿造。丰厚白嫩的多宝鱼上桌，还不时地会眨个眼动个腮，入锅一涮蘸料入口，又滑又嫩又鲜，美妙滋味令人陶醉。

紧接着是北海道鲷鱼。北海道鲷鱼是个神奇物种，一亿多年前就生存在地球上，

由于生长在深海，特殊的生存环境使得它洁净无污染，营养成分活性极高，易被人体吸收。鲷鱼的子母胶原蛋白是世界顶级化妆品的重要原料。"海鲜姿造"的鲷鱼鱼片柔滑无刺，味道细腻鲜美，有"蓬蓬"的弹牙感。

老板特别推荐雪花肥牛。进口的极品肥牛用专用机械刨成卷筒薄片，红白相间，红的是肌肉，白的是脂肪，颜色鲜艳，肉质细嫩滑爽，鲜而不腻，回味无穷。

这里的挪威三文鱼刺身一定要吃。橙红色的三文鱼色泽诱人，嚼一块在口中，软软的富有弹性。细品之下，丰腴肥美，柔嫩至极。蘸着芥末汁生吃，更是辣与鲜的双重极致体验，味蕾的快感瞬间能达到高潮。挪威三文鱼被誉为"冰洋之王"，在所有鱼类中OMEGA-3（OMEGA-3是抗衰老的尤物）含量最高，美女们可不能错过哦！

还有深水虾、特色鱼滑、鲜贝组合、金枪鱼姿造、象拔蚌姿造……令人眼花缭乱，都是不容错过的佳品。

"海鲜姿造"的酱料也同样用心，共有24种自助酱料，除去常见的葱、姜、蒜调料和花生酱、芝麻酱等常见的酱料，海皇酱、海珍酱、菌王酱……这些酱料都是大厨特意根据秘方调制的，可不轻易向外透露。

看了这些，也许你已经忍不住想去体验一把了，但是不是又担心在环境如此精致的酒店里享用海鲜"姿造"大餐价格肯定不菲？那你就错了，"海鲜姿造"的老板刘隽先生是个时尚儒商，旗下还拥有鼎鼎大名的新香园大酒店和瑞莱克斯大酒店，实力雄厚，餐饮从业经验丰富，这里的价格绝对亲民！

　　"海鲜姿造"望江店就位于钱江新城的瑞莱克斯大酒店五楼。在瑞莱克斯大酒店，如果品尝了酒店的秘制水库有机鳖、云南菌皇煲野鸭、翡翠烩雪花牛肉、一品鼎汤浸加蚌等美食后，"海鲜姿造"的豆捞也是众多食客不容错过的选择。

　　刘总最后表示，他之所以选择"姿造"，就是要以海鲜为食材打造的集味觉、视觉为一体的美食盛宴，为大家带来更生动的美食和更难忘的用餐体验。

【海鲜姿造】

　　有两家店：分别位于望江东路 333 号瑞莱克斯大酒店 5 楼和庆春路 48 号五洋宾馆 3 楼。

山葵家　寻找本味的美妙

《今日早报》文体部记者　马　良

　　可曾记得大卫·贾博的纪录片《寿司之神》? 小野二郎用柔软的手法和两根手指，神话般演绎寿司的极致。

　　米饭和鱼的组合、米饭的温度、手法力度的控制……寿司的制作，无不是透着简约却精致的日本饮食文化和审美哲学。日本料理，不仅仅是精美绝伦的视觉享受，更是对食材自然本味的追求。

　　在"山葵家"，你体验到的正是这种美妙的饮食之美。

25克的厚造三文鱼刺身

大兜路，虽餐厅一间连着一间，却有种静谧的气质，沿运河走，"山葵家"精致料理寿司吧大兜路店，就隐匿在此。

天然的石材，简洁的线条，相比桥西店的日式居酒屋风格，这里的餐厅，精致中多了几分现代感。临窗而坐，眼前却是大运河的古朴景致。这种现代与古朴的交融，恰似碗碟中的日料。

当然，如果你是日料控，或许更喜欢坐在刺身师傅的操作台前，一边现场观看他们在自己面前，间游刃有余。甚至，可以饶有兴边享用美食，一用纯熟的刀法，在鱼肉致地和师傅就美食攀谈几句。

刺身，终是日料控的心头好。

一份摆盘清雅的刺身拼盘，几乎是吃货必点。三文鱼、北极贝、金枪鱼、大章鱼、希鲮鱼，夹起一片放入口中，齿颊都是新鲜生鱼片的鲜甜。

刺身的口感，除了先天因素，很大程度也取决于刀工，不同的刺身食材，不同的纹理，运用哪一种刀具，哪一种刀法，自有章法。师傅说，口感绵软肥厚的，适合厚造，爽脆带韧劲的，适合薄造，"总之，该厚的厚，该薄的薄。"

三文鱼刺身真的太赞了。厚厚的鱼肉，足足有1厘米的厚度。一口咬下去，软糯回甘的口味，带着一点芥末的辛辣，有种心满意足的畅快。

这种丰盈的口感，深有讲究。师傅说，"山葵家"的每一片三文鱼刺身，重量都要求达到25克。

吃刺身，少不了芥末。

芥末是用一种叫做山葵的植物加工而成。山葵生长在溪流清澈的土地上，具有独特的香味，并具有使同吃食物更具风味的辛辣。

我们在很多日料店吃到的芥末，通常都是牙膏筒装的糊状或干粉产品。这类芥末，多是用辣根和绿色食用色素生产的仿制品。

在"山葵家"，当然是享用天然的山葵。

上桌时，山葵的皮已经薄薄地去掉一些，你只需在一块小小的研磨板上，以"O"字形轻轻划圈，把山葵磨成细细的碎末。新鲜的山葵末，带着一丝清新的辛辣味。这样做出来的芥末，在十分钟内吃是风味最佳的，一旦干燥，辛辣的味道便会消失。

慢工炙烤的现杀鳗鱼

烤鳗鱼，在日料里有很多种搭配。

比如，经典的鳗鱼饭。肥肥的烤鳗鱼，静静地卧在香软的米饭上，再淋上浓浓的酱汁，即使是这样一份看似简单的盖饭，也无法阻挡一颗吃货的心。

秋天的童话，是"山葵家"寿司中的"当家花旦"，很多人慕名而来。寿司上卧着的，就是炸过的烤鳗鱼片，脆脆的，很香，是鳗鱼的另一种滋味。

日本料理讲究食物的应季，而鳗鱼在日本深受拥戴，"即使一天吃上四回，仍想再吃。"

一年之中，鳗鱼虽然天天都能吃到，但是最好的品尝季节，是夏季。每年的"土用之丑日"，也就是 7 月 30 日，是日本的"鳗鱼节"。

在"山葵家"，很多料理都有鳗鱼的身影，但最值得推荐品尝的料理，一定是现杀现烤的鳗鱼。在杭城的日料店，烤鳗鱼几乎家家有，但现杀现烤的并不多见。

美味，有时是自然原味的享用，有时却需要倚赖时间和手艺，比如这日式烤鳗鱼。现杀现烤的鳗鱼制作工艺比较复杂。从一条活鳗到烤制好的鳗鱼，要经过十多道工序。

而越来越高涨的鳗鱼价格，让一些日料店倍感压力。所以，普通的日料店里，烤鳗鱼多数都是由购买的半成品鳗鱼加工而成，成本可以比现烤鳗鱼节省三分之一。

现杀现烤的鳗鱼，鱼肉厚而松软，口感甜糯酥香，全然不像半成品鳗鱼那样肉质紧实，满口酱汁味道。

当你品尝过现烤鳗鱼，就知道半成品鳗鱼的味道也损失了三分之一。

【山葵家】

共有 6 家店：分别是武林中山店，运河店，滨江店，大兜店，西湖店，西溪印象城店。

神田川　一碗好面 一口入魂

《杭州日报》美食专栏记者　柯　静

　　杭州人爱吃面，毋庸置疑。从最常规的杭州当家面——片儿川，到街头巷尾随处高挂的高汤面，再到浓汤筋斗的日式拉面，随便一个杭州人都能如数家珍说出几家心仪的面店。面这个东西，不管是炎炎夏日还是寒风凛冽的冬日，就是如此吃得开。沈宏非有句话说得妙：当五官被熏得热腾腾的，就会有一阵紧似一阵的感动扑面而来。

在杭州，你走进任何一家"神田川"日式拉面，你总会吃到相同出品、相同味道的日式拉面，一碗好面，一口入魂，你就如此一次又一次地被感动。

放弃读博 把日本面文化带到杭州

13年前，杭州人也爱吃面，比起当时红遍大江南北的900碗老汤面，杭州的日式拉面市场空白一片，而那时，一家名叫"神田川"的日式拉面店悄悄开门迎客，有些低调，却不动声色，俘获了杭州诸多拉面爱好者的心。

从一家小店到拥有诸多连锁店，甚至在今年年初，有家香港闻名的餐饮集团旗下拉面店，经过四大会计师事务所，想收购"神田川"，"神田川"的品牌创始人林晨最初的想法至今未改，那就是做一碗好面。

林晨曾经在日本留学九年，在漫长的留学岁月里，他打过15份零工。他在

饭馆洗过碗、在医院做过清洁工、还在鱼市场里锯过鱼头……林晨说，印象最深的仍是在面店里做帮厨。"我好像跟面店格外有缘，在日本九年里，在好几家面店里打过工。日本人喜爱吃面，一年能吃掉几十亿份面食。那时我就想，如果有时机，回国我也要尝试搞搞拉面店的生意，将面文化发扬光大。"

就此开启了杭州这家拉面店的序幕。

所以在 2001 年 6 月初夏，杭州民间知名面馆里，你经常可以看到一个年轻人，他静静坐在人头攒动的本地面馆。慧娟、大不同、高汤面馆，皆有这个人的身影。年轻人手里还有一个小本子，这就是林晨。他说："那时，他几乎每家都是从上午坐到晚上，除了品尝他们的面，还记录下每天的人流量，寻思着自己的面店要怎样才能有别于他们。"

尔后，在 2001 年年末，杭州湖滨有了第一家"神田川"拉面，这家面积不到 90 平方米的小店，在生意火爆的必胜客和知味观旁边，并不起眼，但半年过去了，小店居然开始排起了长队，年轻人蜂拥而至来吃一碗日本拉面，而那时，杭州尚无日式拉面的专门店，"神田川"堪称杭州日本拉面的第一家。而林晨也将"神田川"产品定位定得很清晰——做最好吃的拉面。

十三年铸就最稳定拉面品质 白领圈里的最佳食堂

纯日式的拉面，乳白色的汤汁上，安心窝着一只溏心卤蛋，爽脆的笋片、大块的卤猪肉，温暖的光晕下，那蛊惑人心的色彩，愣是让人继续一碗不过瘾。

很多人对于一碗好面的定义不同，而在"神田川"一碗好面的标准非常具体化：骨头汤的浓度必须在 5.2 度；20 克的笋片氽水后对开斜刀切 0.5 厘米；30 克包菜去梗切成 1 厘米宽、3 厘米长；面条上切好的卤蛋摆在卤肉料右边，酸黄瓜放在左边……

"神田川"
十三年拉面
人气排行榜

1 招牌豚骨拉面

2 猪排担担面

3 北海道味噌拉面

4 瑶柱高菜拉面

6 肥牛泡菜拉面

5 大胃王面

而之所以要事无巨细，将一碗面条的种种都制定标准，这是有理由的。林晨说，日式拉面与传统杭州本地面不同，特别讲究骨汤的醇厚和面条的筋斗。特别是那碗汤，汤头的熬制过程就几经轮回，"现在这一份豚骨汤是用猪骨加鸡骨再加蔬菜熬制而成的。比刚开始的时候，成本增加了 2.5 倍。"林晨说，在"神田川"，汤是否浓厚要用数字说话，"品控人员每天会测量骨汤的浓度，只有稳定在 5.2 左右的浓度才算达标。"

而在中餐中式面中，面条味道出品好坏全仰仗一把马勺和厨师心情，如何菜肴定量，如何维持一贯品质这个技术难题，"神田川"早在 10 年前就已解决了。

林晨专门定制了 10 把不同容量的勺子来替代中国传统的马勺，最小的 5 克，最大的 180 克。每位新进"神田川"的厨师，都会发到一本厚厚的烹制手册，内有每一道拉面、盖饭和小菜的制作方法。甚至是拉面必需的面条，也是放到专业的煮面机里，按下计时器 95 秒，之后还需用长木筷划散，"左右各三圈"。

也正因为有严格的产品品质管理，所以"神田川"开国内拉面之先河，在今年推出了小碗拉面举动，造福了小胃口的姑娘。要知道，这并非是简单的拉面减量，这意味着小碗拉面和大碗拉面的操作流程一样，但损耗要大一倍。

所以，如此尽心细心，"神田川"用十多年的拉面出品，在杭州的白领圈奠定了食堂的基础。在庆春路嘉德广场的"神田川"，高楼里办公的郭磊早就从当年的业务员做到了公司的大区总监，但搞定一单大生意后，他还是习惯来吃一碗热乎乎的"神田川"博多拉面，郭磊说："量大味道好，这是一碗吃完就要幸福得要目光呆滞的面啊！"

美食天地篇

味游地中海
在莫里纳乔，换一种方式度假

《钱江晚报》美食专栏记者　陈　婕

　　在银杏最美的季节，悠然漫步西湖边。GUCCI 边上一个有些隐蔽的小电梯直上 3 楼，脚印踏在考究的地砖和木头上，视线掠过意式火红的壁炉、洁白的餐盘，那天，我记住的不仅是隔着玻璃窗与西湖边喷泉的缤纷相望，还有"莫里纳乔"餐厅那些美好而自然的味道。

　　在我看来，美好的食物都是有"灵魂"的。套用时下流行的一句话：唯有爱与美食不可辜负。美食唤醒的不仅仅是我们的味蕾，还有让我们或微笑或落泪的画面，有些便与旅行有关。舌尖上的异国旅行，听起来很美妙是不是？这第一站我会选择意大利。提到西餐之母，大部分人会答曰法国菜。现在郑重地告诉大家，西餐之母是意大利菜。跟中华民族类似，意大利民族是一个美食家的民族，他们在饮食方面有着悠久历史，如同他们的艺术、时装和汽车，总是喜欢精心制作。

在杭州聊意大利美食，不得不提"莫里纳乔"。老板是定居欧洲多年的温州华侨，2年前，偶然一次机会，对西湖一见倾心，便在此处开了这家意大利餐厅。

作为杭州第一家纯正意大利餐厅，这两年，一定程度上，"莫里纳乔"充当着西餐普及者的角色。一遍又一遍地跟食客解释着，西冷与肉眼有何不同，生牛肉的魅力究竟在哪里，为什么桌上会放一瓶橄榄油，红酒该怎么搭配……可喜的是，杭州的西餐氛围渐浓。

黑咖啡色的色调，让人安心窃窃私语，而想要感受秋日暖阳，还可在露台上喝喝下午茶。当然，对一家西餐厅来说，自然还有精美的藏酒。喝着红酒，菜一道一道不紧不慢地上桌，低声聊天。"莫里纳乔"的意大利厨师团队了解传统，但不拘泥于传统，把天马行空的想象落实到食材的处理和调味上，没有什么尝试不了。他们好像不安分的魔法师，脑子里永远在不停构想着稀奇古怪的美味食谱。

在这里，因为每一种食材都得到最认真的善待，所以能够回报以绵长的回味。

放慢速度，倾听唇齿之间奏出的丰富味觉交响曲，每一次咀嚼都如同沐浴意大利的温煦海风，不知不觉两个小时时光惬意轻松，在意式慢生活中，食物成为了慰藉心灵的最佳选择。

细心的朋友发现，

"莫里纳乔"最近越发有韵味起来。与其说是餐厅，更像个艺术展厅。19世纪的拿破仑三世鎏金钟、一战时期军用百达翡丽怀表，带来不可思议的时光穿越之感。据说，当家人爱上古董钟表许多年了，这方面略有斩获，而最近更有意将餐厅变成展厅，将"莫里纳乔"打造成另一个艺术空间。美食表现艺术不仅是形式上的美感，同样可以给予艺术内在的社会情怀。"莫里纳乔"这两年也举办了数场慈善活动，如果有一种美食能够慰藉灵魂，亦是佳作。

生牛肉薄片：不用怀疑，就是生牛肉，入口即有一股淡淡的香甜味，口感鲜嫩爽滑。这道菜是意大利当地风味食品，选用顶级牛肉片，配黑松露、蘑菇、火箭菜、帕玛臣芝士，做法简单，考究食材。

鸡肉沙拉：做菜就是这样一件随心随性的事情，鸡肉配以牛油果、鸡蛋、培根、番茄，摆盘就让人震撼，原来西餐并不是等于分量小以及吃不饱呀。

蘑菇汤配面包丁及黑松露油：蘑菇汤是一道典型意大利风味的汤品。入口汤汁柔滑鲜美，奶香浓郁。汤汁的巧妙都在小小的一碗中，也只有在细细地品味后，才能感觉到它的贴心入胃。

蔬菜比萨：意大利最难忘的舌尖美味，盛在厚厚的木盘上，底部薄脆，边缘烘烤得微微鼓起，虽然看似很简单，但是最见功力。"莫里纳乔"的面粉是调和过

的，比例很有讲究。番茄酱都是意大利厨师自己调配，所以和别的地方不一样，味道浓郁，原汁原味。

牛排：提起意大利餐厅，无外乎想到意面、比萨饼以及牛排，这里的牛排做得不错，重点是煎好即吃，不加其他酱料以及添加剂，拼的就是食材品质。用刀叉把肉切成一小块，刚好是一口。细细地品味高品质牛排带来的极致快感。由于可以按自己爱好决定生熟的程度，预定时，服务员或主人会问你生熟的程度。

冰淇淋苹果派：一说到意大利甜品，相信很多人第一反应就是"带我走"的提拉米苏。不过，这里的苹果派据说是当家人最爱。酥松的派皮上堆着香甜软糯的苹果肉，配上肉桂粉的辛香，再加上冰淇淋的神来之笔，苹果派温热的，把上层的冰激凌也融化了，这道西点更适合冬天品尝，有种温暖的感觉。

【莫里纳乔】

上城区平海路 123 号。

美食天地篇

低温炖出西班牙味道

《今日早报》文体部记者　马　良

在杭州，越来越多怀揣小情调的食客，开始搜索这座城市里的异国风味。

如果你能留出足够的时光来享用一顿美食，白沙泉的巴特洛西班牙餐厅，可以让你点一份西班牙小吃 TAPAS 或伊比利亚火腿，啜饮一口葡萄酒，感受西班牙人所中意的散漫和惬意的生活。

吃西班牙菜，先适应慢节奏

在西班牙，一切都是有情调的慢生活。当你来到西班牙餐厅，必须适应花两小时吃午饭和数小时饮一杯咖啡的生活，很多时候，主食得等半个小时，甚至更久，那生米下锅的海鲜饭端上桌时，饥肠辘辘的你简直会被那四溢的鲜香所感动。

旅居西班牙20年的餐厅主人潘丽影说，就餐的时候，中国人喜欢快，而外国人喜欢一道道来，慢慢品尝，并习惯选一瓶喜欢的葡萄酒来搭配美食。

这份闲适的情趣，不仅属于吃客，也属于厨房里的主厨。

下午3点，曾经在巴塞罗那一家米其林餐厅任行政总厨的巴特洛主厨，在厨房里悠闲地准备食物。他一边忙着手中的活，一边摇头晃脑，哼两句爵士。

丰富而诱人的西班牙美食

海鲜饭号称西班牙"国饭"，是吃客们的必点食物，但其实正宗的西班牙海鲜饭是五到七成熟，老外超爱吃。当然，你在点餐时，也可要求厨房煮全熟的饭。

服务员告诉记者，餐厅的一道低温炖牛脸肉是很多老外的最爱，半箱红酒倒进大深锅里，小火慢炖牛脸肉，只加一点点的盐，就这样咕嘟咕嘟炖上大半天。他们爱的就是牛肉原汁原味，入口即化的感觉。

如果你提出要尝尝正宗的西班牙

风味，服务员推荐的是特制混合橄榄。初尝味道有点酸涩，久嚼后方觉得满口清香，回味无穷，老外吃后没有不赞的。

"如果杭州人不习惯某道菜，我们会隔期更换菜单，减掉不容易被接受的菜，换上新的菜来尝试，但我最不赞成改良。"潘丽影说。

不少西班牙菜很合中国人口味的，比如传统的马德里风味炖牛肚。牛肚配上伊比利亚火腿和香肠，口中能感受到些许甜味。而上桌率很高的脆炸大虾奶油球，鲜甜的大虾裹挟着淡奶味也是相当赞的。烤鲜蔬佐 Romesco 酱和香蒜酱，不仅造型漂亮，而且原汁原味烤制的蔬菜，别有一番风味。

TAPAS 是食物，更是生活方式

全世界最好的十家餐厅有六家在西班牙，星级最高的厨师也在西班牙。但要说西班牙菜的特色，还是伊比利亚风干火腿。

伊比利亚火腿叫做 JAMON，读作"哈蒙"。据说在西班牙，只要是餐厅，菜牌上一定有它。深玫瑰红色的火腿被切成片，薄而剔透，西班牙人无论是喝啤酒、红葡萄酒，还是雪莉酒，最喜欢的搭配食物就是它。所以到西班牙餐厅，如何能拒绝火腿的醇香？

如果你接受不了西餐的循序渐进，从前菜吃到甜品，潘丽影推荐客人不妨点

一道 TAPAS（一种前菜小吃）美食。

TAPAS 是西班牙饮食国粹，满街的酒吧里个个都展示着自己擅长的各种 TAPAS。

它的起源据说是旅客无暇正式用餐，就在餐厅门口或马车边解决，常是一碟菜配一块面包，恰好适合忙碌的现代人，而对怕胖的女生来说，小吃 TAPAS 分量也刚刚好。

TAPAS 不但是一种食物的种类，更代表着方便、随意的生活方式。爱玩的西班牙人，一晚上要换几个地方吃，点几样小食，几杯小酒，快乐地聊天。在巴特洛，你也不妨就在进门的吧台落座，要一杯雪莉酒或一支西班牙啤酒，再点上几份 TAPAS 小食，在餐厅看看球赛，聊聊天，享受一下西班牙时光。

巴特洛又在西溪天堂开出一家小小的 TAPAS 酒吧，这里，全天候营业，重点推出的就是各种 TAPAS 小吃。

【巴特洛西班牙餐厅】

白沙泉 4 号。

哨兵海鲜：请客吃饭　知我懂你

《杭州日报》美食专栏记者　柯　静

　　在一本《饭局的经济学》，有这样的顿悟：生活在某些方面就像是一场比赛，只有了解并吃透比赛规则的人才能打得最好，赢得胜利。而与人吃饭也是如此，找对的人，吃对的饭，肯定事半功倍。

　　在这样一场场饭局中，餐厅的氛围、上菜的摆盘、菜肴的档次，甚至是一杯考究养生的迎客茶，那都关乎饭局的参与人愉快程度。所以，吃饭选对地方很重

要。不管外面餐饮风云如何突变，"哨兵海鲜"始终是最靠谱的选择。

"哨兵海鲜"为啥最靠谱，从"哨兵海鲜"掌门人汤海苗先生的个人传奇经历中可窥见一斑。

汤海苗，"哨兵海鲜"杭州大酒楼董事长，法国御厨协会会员，旗下拥有配送中心、海味干货商行、酒楼、地产等多个公司。

汤海苗说，他这一生中最大的恩师便是"世界御厨"——杨贯一。可要成为"世界御厨"的弟子，可不是件容易的事，汤总说，是他的诚意和实力打动了"鲍鱼之王"。

2000年在经营海鲜餐饮时，汤海苗在广州打听到了"世界御厨、鲍鱼之王"杨贯一的大名。当时，他的头脑中就形成了"引进品牌、拜他为师"的强烈念头。于是，他辗转来到香港铜锣湾，四处打听杨贯一的住所，并一次一次冒失地上门，表白自己的心意。当他第六次站在杨贯一面前时，这位来自小城市虎头虎脑的小伙子让这位"世界御厨"动了心，他当即派助手赶赴萧山，实地考察"哨兵海鲜"酒店。眼见为实，"哨兵海鲜"的经营思路和品牌，让杨贯一先生终于欣然收下了这位关门弟子。

在杨贯一大师手把手悉心教习之下，汤海苗技艺精进，经营思路也有了质的

飞跃。当他把闻名于世的"阿一鲍鱼"的独门秘方带到杭州后，"哨兵海鲜"如虎添翼，在海鲜领域独占鳌头，成为中国餐饮界一匹响当当的"黑马"，并一举摘取"中国十佳酒店"的桂冠。

十年前，"哨兵海鲜"布点杭州最繁华地段——庆春路，大手笔开出6000平方米美食航母，成为城中商务宴请第一宴请地。鲍翅燕自然是"哨兵海鲜"的当家品种，翅汤大鲜鲍、杏汁官燕、翅汤东星斑、油泡象鼻蚌、惠州扣酿辽参、龙井乾坤大响螺，此等港剧中出现频率颇高的高端海鲜佳肴，也不再是只闻其名，不见其形。

商务宴请，要宾主皆满意，并非在于昂贵的原料与大费周章的烹饪过程，而在于贴心贴胃。"哨兵海鲜"的服务人员经过多年打磨，早就训练有素，客人一个抬手，即可心领神会，服务周到。每个晚上，"哨兵海鲜"的包厢总是一席难求。

而十年后，新餐饮形势之下，"哨兵海鲜"华丽转身，接地气，出妙招，6000

平方米的庆春路旗舰店，每一层楼都有各自精彩。

在旗舰店一楼，你能"蟹"逅冰域深海的至鲜美味。这里是杭州第一家主打零度以下冷水蟹的餐厅。在日本大阪道顿崛，中国吃货对一家吃蟹的餐厅流连忘返，这里以帝王蟹料理而出名，全年供应该地方的松叶蟹、帝王蟹等名物烹制的"日式螃蟹酒席"等。而"哨兵海鲜"的蟹乐道正脱胎于此，餐厅有着阿拉斯加帝王蟹、北海道松叶蟹、俄罗斯深海红毛蟹，关键是一只蟹有多种烹饪方法，刺身、冰镇、炭烤、火锅涮、蒸、烤、焗、煮，堪称把螃蟹料理做到了极致。

沿着扶梯走上二楼，这里有着杭州最亲民和正宗的粤式茶点。"哨兵海鲜"做粤菜起家，这里的师傅做起粤点来，自然信手拈来。讲究的食客首先看的是那一笼点心的模样。虾饺玲珑剔透，虾肉爽滑弹牙，凤爪柔嫩赛无骨，酥点层次分明，酥得一碰就掉皮。

这里的粤点价格亲民，最便宜的点心才6元，最贵的点心不过28元。尤其推荐这里的沙田乳鸽，鸽种只用18天大的

美国白羽王鸽，如此妙龄的乳鸽皮薄无油，肉质柔软，而骨头还没有钙化，入口极香。经过上皮水、风干2小时，120℃油炸后，金黄色的乳鸽新鲜出炉，一个鸽子斩四件，脆皮绽开，肉汁溅出，香嫩的鸽肉着实让人按捺不住。"哨兵海鲜"的早茶，双休从早上9点即开，你大可带着一家老小，走进"哨兵海鲜"，点上一桌子粤点，来壶好茶，慢笃笃坦悠悠，享受杭州的休闲慢生活。

最值得一提的是，"哨兵海鲜"经过装修升级后，二楼的宴会厅也亮相杭州。灯光璀璨，装修气派，席开60桌，无疑是城中极有体面的婚宴举办地。新厅刚刚亮相，好日子早早就排满了订单，杭州人来"哨兵海鲜"举办婚宴，冲的就是这里菜肴量多，装修上档次。酒席2988元一桌起，白灼基围虾、广式蒸鱼已是标配，即便是一道龙虾料理也绝非传统做法，"哨兵海鲜"的大厨们用芝士焗，龙虾与伊面共舞……这里熟谙粤菜料理的大厨，自会料理出一桌让家人宾客皆满意的喜宴。

而后行至三楼，这里的包厢依旧景致夺人，庆春路近在眼前，繁华初上，宾客站在窗前皆有挥斥方遒的成事魄力。所以在这里宴请，又有何事会不成呢？"哨兵海鲜"三楼主打的是海鲜，吃客们都说小海鲜是吃家常滋味，而大海鲜吃的则是待客热情。这里从四人方桌到二十人豪华包厢，皆能满足商务人士聚餐以及家庭聚餐的要求。

在"哨兵海鲜"，每天，都有一批经过严格筛选的海鲜从深圳坐飞机来杭州。它们大都是野生的好货色。主厨会要求团队一定要严格验收当日的食材，高档的鱼虾要求绝对新鲜够活力，燕鲍翅一类食材有专业的鉴定团队参与保证质量，"哨兵海鲜"的菜肴出品和价格总能两相宜。客人们大可站在海鲜池中，一一验证海鲜的生猛度，比如清蒸大青斑，上等蒸鱼豉油吊出了雪白的石斑鱼鲜香，火候恰到好处，吃得出来自深海的鲜活滋味。

如此美食推介，层层都有看点，就看你如何选。

其实，再舒适的国外度假，再完美的双休安排，也没有比哨兵海鲜这里轻声细语的服务、精致新鲜的食物、亲切可人的账单构筑起来的休憩，更靠谱的选择了，毕竟哨兵美食只在咫尺之遥。

【哨兵海鲜】

庆春店位于庆春路9号，汤姆酒店位于萧山区通惠中路155号。

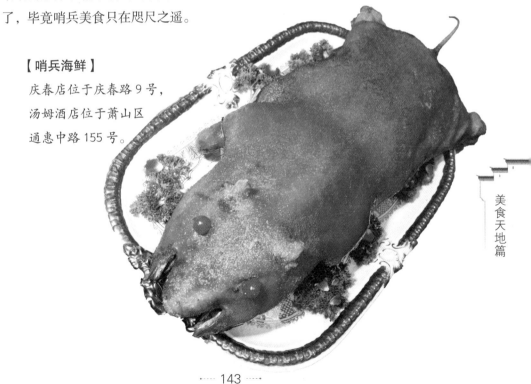

美食天地篇

川浙会 明炉甲鱼的极致诱惑

《都市周报》美食专栏记者 何 晨

　　说起川浙会，杭州老资格的食客都会知道，它的前身，就是 2002 年 5 月开出的、当时大名鼎鼎的"片儿川"。

　　川浙会，2004 年在东新路开出第一家门店，2000 平方米的面积，近千万元的装修，这在当年可算得上"豪华"了。川浙会也是当年杭州最早要将川菜"精品化"、"时尚化"的餐厅。

　　取名川浙会，菜肴自然是川菜和浙菜的结合，可以叫新派川菜，也可以称新派浙菜，有人说是川菜杭做，也有人说是杭菜川做，或者干脆叫做时尚川浙菜。

　　说起川浙会的"名菜"，很多食客都可以随口数来：招牌鲜椒鱼，选用两斤以上的黑鱼，口味麻辣鲜香，鱼片嫩滑，色泽红白绿，双重挑战你的双眼和味蕾；萝卜牛腩煲，萝卜与牛腩酥而不烂，萝卜解腻，砂锅保证了这道菜又香又烫，酥鲜香糯；川浙肚包鸡，安吉毛竹园放养鸡，加上猪肚，慢火焖制4小时，色泽金黄，猪肚香糯，鸡肉鲜嫩；干炸东海带鱼，象山海边码头发货的、当天新鲜捕获的东海带鱼，腌制2小时，炸至色泽金黄、外脆里鲜……片儿川，自然是这家店最早的招牌，自制的鸡蛋面，面筋十足，高汤烧制，下料足以让你目瞪口呆！

一方水土，养一方鳖

在老饕们印象中，最最惦记的，还是川浙会那道"招牌明炉甲鱼"。甲鱼选用的是临安於潜的养至5～8年的本塘甲鱼。

那里的水和烂泥，都是他家养甲鱼得天独厚的优势。那个地方，养甲鱼的烂泥很烂，泥又黑，一脚踩进去，烂泥把脚脖子裹得刮都刮不掉，以前这种泥是专门用来烧瓦片的。但是甲鱼却彻底爱上那里的烂泥，不管老老小小都喜欢把自己埋进烂泥堆里，挖出来的时候，会发现整个甲鱼壳上的烂

泥就跟刷了三层油漆一样，剥都剥不掉。那里的水，很甘洌，用那里的水来酿酒，据说很是好喝。

这里的甲鱼，每年 10 月就开始冬眠，一眠就眠到来年 6 月，7 个月的冬眠，每一斤甲鱼肉就要瘦去一两。"那里的气温比城区要低 3～4℃，冬眠时间长了，生长期就长了，卖出去的甲鱼都是 5 年以上的，甲鱼就更好。"川浙会掌门人孟明，大厨出身，一直保持着对食材的"苛刻"。

螺蛳鱼肉猪肝，是甲鱼的"补品"

甲鱼也要"进补"，在甲鱼醒着的那 5 个月里，平时每天喂的是鱼肉和猪肝等动物内脏，一星期去安徽收购一次螺蛳，一次就要买好几百斤。螺蛳是个好东西，扔到塘里，它们还会繁殖的，而且是活物，比喂鱼肉更营养、更健康。养甲鱼最怕甲鱼生病，这里的甲鱼防病不用药物，用鱼腥草与鱼肉剁烂成浆拌在一起，甲鱼吃了就可以大病不来、小病不染。

养在那里的甲鱼，老甲鱼不要太多，躲在烂泥里，很狡猾，没经验的人很难抓得住它，要不怎么用"老甲鱼"形容人狡猾呢！"那里的甲鱼也很强悍，去掉牙的甲鱼还想咬人！"孟明说。

甲鱼的补，才是真的补

这道明炉甲鱼，孟明用的是老底子杭州周边农家的烧法，10多种中草药材，40多分钟细心的红烧炖煨，裙边够大，胶质够强劲，炖熬出来的汤汁极其浓厚、醇香，甲鱼肉在黏稠的胶质浓汤相衬下，口感越发香滑软糯，丝丝入味。而用明炉边炖边吃，越炖越香，越吃越鲜。

"我们的甲鱼真的蛮补的。一个人千万不要一顿就把一只甲鱼都吃完，最好分三到四次吃。"孟明有一个朋友，以前身体比较虚，经常感冒，后来开始吃甲鱼，一年里吃了四只，最后感冒就"免疫"了，"事实证明，甲鱼才是真补！"

【川浙会】

香积寺店位于香积寺路21号，凯旋店位于凯旋路197号，登云店位于登云路38号。

美食天地篇

百嘉乐，城北餐饮"小航母"

《都市周报》美食专栏记者　何　晨

百嘉乐是川浙会旗下2010年9月推出的新品牌，偏向家庭聚会、大众性商务聚会和婚宴、满月酒、乔迁酒等大众宴会。第一家门店在三墩浦京花园酒店；2012年8月，位于东新路866号的第二家门店开业。

三墩店在浦京花园酒店的二、三、四楼，共三层，3000多平方米，23个包厢，其中5个可容纳22人的大包厢。二楼有一个大厅，可以摆30桌；三楼大宴会厅800平方米，可以摆40桌。

东新店面积也是3000多平方米，21个包厢，5个可容纳22人的大包厢。整个大厅是简约典雅的具欧式风格，落地窗干净、明亮，大厅视线开阔、亮堂，可摆28～30桌。

在杭城小餐饮当红的今日，百嘉乐却在杭州城北，将"小型航母"开得红红火火。百嘉乐的菜肴，保留和升级了川浙会的几道经典招牌菜，更多地融合了杭帮菜、川菜、粤菜、啫啫菜、潮州卤水、港式点心，任你选择。不同的菜肴，都有从当地聘请来的知名大厨掌勺，保证原汁原味，地道正宗。

加拿大象拔蚌刺身，象拔蚌是从广州黄沙海鲜水产市场当天空运至杭州的，肉色新鲜，口感鲜甜爽脆，经过大厨精湛的刀工与装盘艺术，呈现视觉、味觉的双重享受；香煎杂鱼煲，是从宁波路林海鲜市场采购的东海野生沙尖鱼、小黄鱼、鲳鱼仔等，保证食材新鲜、地道，腌制2小时后，用秘制香煎粉包裹，先煎至外脆金黄色，后加秘制酱用砂锅焗香。

上海生煎包，皮冻是用鸡爪、肉皮，猪脚、火腿等，煲8小时，滤出汤汁，待凉后放入冰箱待用；上等的五花肉，加入皮冻制馅，做成包子后发酵2小时，底部裹蛋清粘上芝麻后，水油煎20分钟，吃时汤汁多，可要小心，别溅到对座的漂亮MM哦！

铁板煎三角牛扒，选用进口澳洲红标三角牛扒，用12味调料和香料，腌制24小时，先用花生油煎锁住牛扒汁，再用熬制8小时的牛肉清汤焖制。可在现场制作，牛扒几分熟，可随客人要求选择。

美食天地篇

刀板香蒸石笋，食材是厨师长亲自去安徽黄山和临安的山里农户家搜购来。火腿是黄山农户家自己养的猪、自己腌制的。现在已有15家合作的农户，保证了原料的供应；笋干（石笋）是临安农家野笋做的，绿色无污染。火腿蒸熟蒸透后，切大片（一只火腿可切大片的部位可不多）；笋干泡水后吸干水分切段，先用熬制8小时的高汤煨；再土豆垫底，放上笋干，后放上火腿，调味后入笼蒸20分钟。

【百嘉乐】

三墩店位于厚仁路133号浦京花园酒店的2-4楼，东新店位于东新路866号映日大酒店1-2楼。

看美食在铁板上起舞
两岸犇丼铁板烧

《钱江晚报》美食专栏编辑　罗　颖

　　铁板烧，它可以很市井、很街头。一辆再简陋不过的推车上，那朴素的家常食材与高温铁板接触的瞬间被激发出的浓郁香味，令行色匆匆的路人忍不住驻足流连。

它，当然也可以很大气、很尊贵。譬如今天我们要走进的两岸犇丼铁板烧，就属于从食材到酱汁，从器具到摆盘，都极为考究的日式铁板烧。这是一场炫技般的美食盛宴，缤纷的食材随着大厨翻飞的手势在铁板上翩翩起舞，细腻绵密的法式鹅肝，入口即化的松阪牛肉，鱼子酱在齿间爆裂后惊艳口感……

当然，我可不会告诉你，这儿更有令"颜控们"尖叫的美女大厨在现场为你演绎这场饕餮盛宴。

尊贵食材，系出名门

铁板烧是一种味觉与视觉完美融合的美食，它改变了传统的烹饪形式，将厨房搬到食客面前，在20毫米厚、260度高温的铁板上煎烤食物，瞬间锁住食材的水分和营养。由于食材事先不能腌制加工，所以对食材的品质要求非常高。

而日式铁板烧尤为强调食材的新鲜度，两岸犇丼铁板烧特别甄选来自日本三重县的松阪牛肉、有深海中的"劳斯莱斯"美誉的台湾黑鲔鱼以及法式鲜鹅肝、鱼子酱、松露，还有来自新西兰的小羊排、欧洲银鳕鱼、挪威的大明虾、澳洲活龙虾等顶级新鲜食材。

名师出高徒，美女任大厨

两岸铁板烧的大厨在入职前都会经过铁板烧首席大厨陈汉焜先生的统一培训，陈先生曾任上林、红雅、红林等知名铁板烧总主厨，连战、宋楚瑜、萧万长、郝伯村等经常是其座上宾。一个合格的两岸铁板烧厨师，从最初的学习到上台主厨，

需要炒制大约 3 吨的米饭，历时两年以上全方位超强度训练。

另外，作为典型的颜控，我偷偷透露一个粉丝福利，犇井铁板烧的大厨，不但拥有一手高超的厨艺，而且每一位都经过特别挑选，不是美女，就是帅哥噢！

食材在铁板起舞，美食在舌尖绽放

碧绿的西兰花在铁板上翩然起舞，肥厚的香菇在一边笨拙地摇摆，矜贵的鹅肝一改傲娇本色，发出欢快的尖叫声，260℃高温激发出食材最本质的香味，口水不可抑制地汹涌分泌……只有那位高挑的美女大厨，嘴角带着一丝淡定的微笑，手势翻飞，却是忙而不乱，这一切的节奏，尽在她的掌控之中。

两分钟后，一道完美的法式煎鹅肝配焦糖苹果，就呈现在我的面前，鹅肝外香内嫩，口感细腻绵密，搭配清脆爽利的苹果片，鹅肝的肥腻感顿减，更令美味升级。

接着就是香煎明虾伴鲜鱼佐芥末酱，鱼有龙利鱼、秋刀鱼、黄鱼、鳕鱼等可供选择。我们选择了龙利鱼，明虾可以选择加芝士或者直接干煎，这道菜特别搭配了鱼子酱和芥末籽酱，明虾搭配红色的鱼子酱，鱼则是蘸着芥末籽酱食用味道更佳。这儿的芥末籽酱不特别辛辣呛人，反而带点微酸，十分开胃，而当肉质鲜

美软嫩的龙利鱼邂逅饱含鱼子的芥末籽酱，鱼子在齿间爆裂瞬间绽放出的鲜味令味蕾无限惊喜。

两岸犇丼铁板烧的主餐有 11 种选择，价位从 168 元到 368 元不等。可以根据自己的喜好选择，酱汁有红酒汁和黑椒汁可选，特别值得一提的是这儿的私房红酒酱，据说是用进口红酒秘密调配多日熬制而成，绝对值得一试。

来这儿，当然要试一下向往已久的松阪牛排。松阪牛肉产于日本神户市郊松阪镇，以均匀的脂肪分布、鲜红的肉色、细腻的肉质、入口速溶的口感闻名于世。在经济发达的日本，当地人独创性地用音乐、啤酒和每天周到细腻的按摩来培育松阪牛。

以铁板烧制成的松阪牛排，脂肪与瘦肉相间，均匀有致，宛如降霜。这种肉的口感既没有纯瘦肉那么硬，也不会像带有一大块肥油的牛肉那么腻，柔软适中，烤肉时，脂肪的油丝慢慢地渗入肉中，烤出的肉喷香流油，令人齿颊留香，妙不可言。日式松阪牛排被尊称为"牛中之王"，绝非浪得虚名。

喜欢大块吃肉的朋友可以选择腓力牛排；如果喜欢有嚼劲点的，则可选择香蒜牛小排；还有又Q又有韧劲的松阪猪排……

一块松阪牛排下肚，胃已经有相当的饱足感，我很怀疑还吃不吃得下主食——樱花虾炒饭。金黄的炒肉、粉红色的樱花虾、橙色的鱼子酱、碧绿的葱花，当这份五彩缤纷的美貌炒饭放在我的面前，我毫不犹豫地抱着吃撑了才有力气减肥的决心，吃了个碗底朝天！

甜点的种类也有很多，有草莓奶酪、香蕉冰激凌、熔岩巧克力蛋糕等。强烈推荐熔岩巧克力蛋糕，再挑剔的舌头也觉得真心赞，松脆的外层、香浓软滑的巧克力甜浆，搭配香草冰激凌，绝对是白领们的最爱！无须渲染啦，我只厚道地提

醒一句，蛋糕是连杯子现烤的，小心烫手哎！

还有他家私房调制的黑醋栗水果茶，酸甜开胃，果味浓郁，口感层次丰富，还免费无限续杯哦！

【两岸犇井铁板烧】

在杭州有两家店：分别位于建国中路302号银江宾馆一楼（庆春路口）和南山路204号（钱王祠正对面）。

翠庄：山与海的味道，
献给热爱美食的人

《都市周报》美食专栏记者　何　晨

　　杭州是休闲之都，更是美食天堂。在数不清的餐饮品牌中，"翠庄"在低调雅致中流淌着艺术的奢华，显得与众不同。

杨公堤店：山水画卷的景致

　　有人说，翠庄杨公堤店，就像是童话里那些从苍翠树丛中冒出来的神奇房子……

有人说，翠庄杨公堤店，更像是美丽山水画卷中的秀美景致……

掩映在绿树翠荫之中，一片绿叶荷花之间，门口潺潺的水声、大厅柔和的音乐声和客人的窃窃私语，共同谱写出轻快的乐曲，缓缓流淌在餐厅的各个角落，分外的浪漫。

青砖墙、石板路、鹅卵石小道；绿色的顶棚、红色的遮阳伞、原木的座椅，原木桌搭配宝蓝色和嫩黄色的椅子；宝蓝色的铁艺栅栏隔断、长条桌，银色高靠背座椅；红、蓝、黄、紫各色缤纷的几何造型灯、白色蔬果造型的绢灯和原始风味的鹿角造型灯、树杈灯，还有欧式雅致的水晶吊灯混搭；楼兰风格的彩绘餐盘、红木吧台和酒柜……看似中西古今的"混搭"，却将古朴自然、古典雅致和时尚现代完美融合。中式典雅之中，透现出原始的自然惬意和时尚的绚丽、现代的简约。

西溪店：老式厂房的粗犷

面朝西溪美丽的湿地景色，层层叠叠的绿树翠竹，远处是若隐若现的翠山，好美丽的景致！

在"西溪天堂商业街"时尚的大幅 LED 墙的边上，一幢青砖墙、老木条门头的小楼，这里就是翠庄西溪店。大量老木条嵌着白色日光灯，做成错落有致立体感的门头；粗犷的老厂房风格，原始的水泥顶和水泥地面，工业化的管道、射灯；吧台的外立面，用木头做成水泥的感觉，搭配着水泥地、水泥柱、黄泥墙；做旧的铁管，做成楼梯阶梯和扶手；做旧的铁栅栏，作为大厅的隔断，散布在大厅的各个空间；铁栅栏上挂着各种小盆景，黄泥、绿泥、紫砂各种颜色，圆坛、尖锥、

椭圆各式形状；每张原木的餐桌上，都摆着黄泥盆的小盆栽，一旁间隔搭配着灰色和蓝绿色两种藤面木椅；就连精致的水晶灯，也披上了闪亮的不锈钢外衣……

最大的包间外面，是一个木地板的露台，正对着西溪湿地风光，时令好的季节，露台上喝喝茶，是再惬意不过的了！

万松岭店：民国式宅院的雅趣

这是一个青砖、红木、绿色铁艺栅栏的院子，在绿荫环绕的万松岭，中式古典带着些许欧式，传统中混搭着时尚，很有些民国时期中西合璧的宅院雅趣。

大院的门口，挂着一副对联，上联是"一江一桥三门临海"，下联是"一岩一岭天仙玉环"，"横批"是"台州府"红色立体大字，搭配"翠庄"的绿色LOGO，完整地概括了台州9个县（市、区）。

进入大院，餐厅的外立面是雕花玻璃搭配不锈钢，和石碑石狮、景观水池搭配；大幅雪松壁画墙，花鸟、山水、人物的国画，古色古香的青瓷麒麟、铜鼎、红木如意、黄木八仙椅、花布木椅，和金色绒皮沙发呼应，一处处绝妙的和谐混搭。

翠庄运河店，太子湾店等，每家店都装修得别致而有韵味。

美食天地篇

祖母菜的味道，创意菜的出品

翠庄，原汁原味的传统乡村口味，绿色原生态的原材料，用土汁土味的烧法，制成时尚精致菜肴。

渔夫跳跳鱼（家烧）：跳跳鱼，是进化程度较低的古老两栖动物。跳跳鱼肉质鲜美细嫩，爽滑可口，含有丰富的蛋白质，营养极佳，日本人称其为"海上人参"。

跳跳鱼烹调方法多样，可清炖、红烧、油炸、氽汤、制鱼干、烧米面等。《舌尖上的中国第二季》上所说的清炖跳跳鱼，其实就是台州家烧的一种。跳跳鱼，加葱、姜（也可加点咸肉），油锅里煎一下，加黄酒、水、盐炖制，这就是清炖法。如果多加些水，放入豆腐皮，也可以根据自己口味加入酸菜或咸菜、菜干等，小火慢炖，起锅时撒上葱花，这就是口味醇厚的跳跳鱼汤。台州一带的人，也常以跳跳鱼配豆腐和笋片做汤，如果再加上火腿或香菇，味道更鲜美。

家烧大黄鱼：黄鱼有大小黄鱼之分，是杭州人最熟悉的东海鱼类。黄鱼爽滑鲜美，小黄鱼可以和临海特色麦虾一起烧，中黄鱼清蒸、红烧都美味，大黄鱼也适合加黄雪菜、笋片，做大汤黄鱼，味极鲜美。翠庄选一斤以上的深海养殖黄鱼，用台州海边渔民家里的烧法，少许酱油，在铁锅中烧制，半汤，色浅红，原味清爽。这道菜，黄鱼食材自然是关键，不同的黄鱼，口感完全不同，最好的当然是野生黄鱼，可惜量极少。

红烧杂鱼：选小黄鱼、小鲳鱼、小日塔鱼、水潺等各种东海小鱼，放酱油和其他调味，汤汁收浓，口味鲜滑浓郁。

青蟹烧豆面：三门青蟹肉质细腻鲜美，营养丰富，也被称为膏蟹，美味还具有较高的药用价值和美容功效。豆面是台州街头小吃中不可缺少的一种原料，在咸糟羹、食饼筒等台州特色美食中，豆面都扮演着重要的角色。青蟹烧豆面，青蟹的清鲜膏香，豆面吃到嘴里爽滑的口感，真是令人回味无穷。

传统的、中国的、乡村的食材和菜肴口味，融合现代的、年轻时尚的、国际化的装修环境和装盘出品，古今中西在这里完美交融，这就是翠庄，吃的是不一样的风情！

翠庄，山与海的味道，献给热爱美食的人！

【翠庄】

有6家店：分别是运河店，西溪店，杨公堤店，太子湾店，万松岭店，转塘店。

名人名家
打动老百姓的餐饮名家

《都市周报》美食专栏记者　陶　煜

　　"避风塘，多风光，点点渔火叫人陶醉……"邓丽君的一曲《香港之夜》响起，"中豪避风塘"贵客盈门，灯光耀眼。人人桌上都有一道著名的脆皮鸭，鸭肉金黄油亮，加两根京葱，蘸一点甜味酱裹入面饼中，满口生香，那滋味至今依然未被超越。

　　这是"名人名家"的初亮相。在此后，"名人名家"集团作为在杭州餐饮界叱咤风云十多年的连锁企业，旗下每一家酒楼和餐厅都是同行业的翘楚。无论是端庄大气的"名人名家酒楼"，又或者是精致简约的"名家厨房"和"名家海鲜工坊"，或者是今年异军突起的"Unlce 5"……每一个品牌，都是餐饮界的经典之作，留香满城。

名人名家 名自何来

1999 年创建"中豪避风塘"，以正宗实惠的杭邦菜走出了成功的第一步；

2001～2004 年，"名人名家"文二店、萧山店等各大门店相继开出；

2005 年 12 月，"名人名家"新品牌"名家厨房"盛大开业，并接连开出三家；

2006 年 7 月，一个以大众消费为卖点、注重口味的"名家口味堂"的推出，填补了大众消费定位的市场空白；

2007 年，推出第五个餐饮品牌"名家海鲜工坊"；

2011 年，"名人名家"浙报店闪亮登场；

2014 年新品牌"Uncle 5"耀眼开业……

近年来，高档宴请市场陷入了沉寂，"名人名家"作为一个以中高端客户消费群为主体的餐饮企业，根据形势变化，及时与在经营上以大众化为特色、联盟管理经验丰富的"外婆家"合作，调整结构，转型升级，"名人名家"与"外婆家"联手推出了"Uncle 5"餐厅，一时间人气爆棚。

在这些吸引眼球的举动之外，"名人名家"还在国内众多城市扶植了一大批杭帮菜餐馆，足迹遍布五湖四海。传统的餐饮业多采用家族式管理、作坊式经营的模式时，"名人名家"的管理者凭借长远的目光和丰富的经验，始终坚持以全新的经营理念管理酒店，在操作实践中走出一条独

美食天地篇

特的现代餐饮管理之路，在杭州建立了雄厚的发展根基，以餐饮的品牌化、产业化、多元化经营促进企业的持续健康发展。"名人名家"集团的发展之路，是餐饮界一个啧啧称奇的神话，也是数十年辛勤耕耘的必然回报。

名家滋味　惠是根本

"名人名家"的特价菜举措，最让食客欢欣雀跃。这些菜肴的价格低得能跌破大家的眼镜，更赞的是，这样的特价菜活动年年不停，月月不同，至今已整整 7 年。从 9.9 元的私房鸡、29.9 元的北京片皮鸭，到 9.9 元的多宝鱼、9.9 元的红烧羊肉、9.9 元的椰香鸡、3 元一笼的虾饺，一道道的美味特价菜让不少杭城老饕津津乐道。

能持续火爆 7 年的特价菜，赢得客户心的秘诀是：不但价廉，而且物美。一道美国甜虾，在这里有四种吃法。比如传统的盐水虾，有些杭州老底子的味道；而椒盐美国甜虾、香辣美国甜虾则适合追求丰富味觉的人；砂锅美国甜虾则是创新的吃法，一桌香气四溢，牢牢抓住了食客的心。

这依托的"名人名家"集团强大的技术团队。每个月10日以前，各个门店厨师就开始研发新菜，10日到15日，各店厨师长一起开会，确定下一个月的菜肴品种和特价方案，15日开始，联合试菜，保证菜肴出品统一。所以，同一食材有不同的独特的烹饪方式，品质统一，让老顾客也觉得新意不断。

名家之路　稳中求变

在中央严禁公款吃喝的规定出台之后，餐饮业首当其冲受到了波及，但这样的形势并没有阻挡"名人名家"发展的脚步。稳中求变，是"名人名家"发展策略。

"Uncle 5"餐厅正是在这样的背景下脱颖而出，这是"名人名家"公司与"外婆家"公司联手的混血儿，由"外婆家"公司负责整体的设计，由"名人名家"公司负责装修、运营和管理。已经在苏州开业的第一家"Uncle 5"餐厅有着绿色的地砖和屋顶，配上红色栏杆穿堂而过；长桌搭配考究的靠背椅，还有东南亚甜点助阵的下午茶时光……设计上带有怀旧感，但也不缺潮流元素，菜单将主打创意杭帮菜。"Uncle 5"餐厅的定位很明确，主要针对比较年轻的消费者，人均消费在50元左右。

餐饮市场瞬息万变，"名人名家"集团从来没有停止对企业未来的思考，他们从来没有停止探索的脚步。调整结构，转型升级，是适应形势需要，使企业实现可持续健康发展的明智之举。或许在不久的将来，餐饮的全新经营模式，就出自于他们孜孜不倦的探索和追求之中。

美食天地篇

海鲜火锅，食材是关键
澳门豆捞闪耀中国餐饮百强榜

《钱江晚报》美食专栏记者　朱银玲

　　日前，2013 年度全国餐饮百强名单出炉，四家总部设在杭州的餐饮企业入榜，其中位于第 12 位的浙江凯旋门澳门豆捞控股集团有限公司已经是第五年上榜。

　　火锅古称"古董羹"，因投料入沸水时发出的"咕咚"声而得名。无论是清汤还是红油，食材放进去又捞起来的瞬间，香味四溢的感觉最为诱人。而火锅虽然味美，却也更讲究食材的新鲜。其中，主打海鲜的火锅首当其冲。

海鲜火锅源于潮、粤一带，它的特点在于讲究原汁原味、清淡和营养。吃时先将火锅煮沸，将调好的锅底放入。再待汤沸时，轻轻放入海鲜。香汤中沐浴过的海鲜，鲜甜滑口，涮起来别有风味。

澳门豆捞，正是秉承澳门火锅之精华，将全世界各地的深海海鲜融入一脉相承的古老秘方特色汤底中，一锅涮尽天下美味。无论是春夏秋冬，品一锅鲜美绝伦的海鲜火锅，绝对是惬意无比的享受！在吃客们眼里，澳门豆捞就是火锅界的大牌。

自 1998 年成立以来，澳门豆捞至今在全国及海外市场拥有近 300 家连锁分店，年营业额逾 20 亿元、员工 1.5 万余名，是全国火锅行业 50 强排名第一的企业。这些成绩，也正说明了吃客们的高度认可。

一顿饭吃出的商机

汪尧松，这个在餐饮界赫赫有名的大佬，短短的时间就创造了火锅界的神话。可是很少有人知道，这样的神话，也是来自于一个小小的机缘巧合。

十年前一次偶然的机会，汪尧松在朋友的推荐下品尝了澳门当地的海鲜火锅，这在当地司空见惯的吃法却让这位江南商人大开眼界。当时已经成功经营了萧山凯旋门大酒店的汪尧松，对海鲜的各种吃法已经如数家珍，什么样的海鲜都吃过的他，但当吃到火锅里涮出来的鲍鱼时，鲜美的味道让他眼前一亮，随即一个大胆的想法也扎根心底。不

久，第一家澳门豆捞酒店在萧山诞生，使杭州的食客领略到了一种前所未有的美食体验，"豆捞"一词也被人记住了。

而更巧的是，彼时时值"非典"，整个餐饮行业一潭死水，唯独火锅觅得一丝生机，"当时人们认为，火锅的温度有80～90℃，可以把病毒杀死。"汪尧松说，凭借高温、杀菌、绿色、健康的形象，澳门豆捞在"非典"时期独领风骚。事后，他还戏言，澳门豆捞是"在'非典'中成长起来的火锅店。"

宾客盈门甚至排队就餐的景象，让汪尧松尝到甜头，将澳门豆捞复制到杭州、到全浙江、到全国的想法，慢慢在他的脑海中酝酿，他也开始为此做足了准备。2003年4月23日，第一家分店在杭州市市中心开业，此时的澳门豆捞已经拥有了一大群忠实的顾客，进货

渠道也日臻成熟，接下来的发展势如破竹，4 个月，3 家分店齐刷刷亮相，仿佛空降兵，让杭城食客过足了海鲜火锅的瘾，也让同行跌破了眼镜。2006 年，澳门豆捞在全国范围内开出 81 家分店；2007 年，澳门豆捞完成 150 家分店的布点；2008 年 1 月，在全球第一家七星级酒店所在地——阿联酋迪拜，澳门豆捞开设了第一家海外分店；2009 年 3 月 25 日，澳门豆捞在厦门开出了第 200 家分店。至今，澳门豆捞连锁分店有近 300 家，遍布中国大江南北。

盛夏来临，澳门豆捞又开始了大动作：湖北宿州店、福建厦门厦禾路店、厦门枋湖南路店、浙江永康店、桐乡店、乐清店、山东济南花园路店、临沂八一路店、临沂沂蒙路店……近十家门店已经或将于近期崭新绽放。

澳门豆捞用一个又一个漂亮的数据，缔造了中国餐饮界的"一千零一夜"！

食品安全是生产出来的，不是监管出来的

是什么给了汪尧松信心把局布得如此大？他说，是食材。"食品安全是生产出来的，不是监管出来的。"这是他对员工说的，也是对消费者的保证。在他看来，一家专业做海鲜火锅的企业，要是没有新鲜可靠的食材，就等于自取灭亡。

走进澳门豆捞的店内，你会看到巨大水柱里游来游去的海洋鱼种，水壁里的

加拿大龙虾和阿拉斯加蟹，大得像"妖怪"。大厅内海洋文化元素看起来是那么"高大上"，少了其他火锅店的油腻与嘈杂。菜单上，珍奇海鲜与传统火锅食材的结合，让人充满食欲。

"澳门豆捞与全球优质供应商直接对话，从台风肆虐的南太平洋到季风暖流盛行的印度洋，从北纬30°的雪山到阳光充沛的内蒙古大草原，为消费者带来全球五大纯净深海的珍奇海鲜，加上野味山珍、无添加成分的丸点等，总计180多样的食材。"

比如最受欢迎的蟹粉蟹籽包，它的保质期只有同类产品的一半，早在食品安全成为社会热点之前，澳门豆捞便拒绝在自制调料、锅底及食品中违规使用硼砂及其他添加剂。

在门店里，因航班延误或运输中挤压碰撞死亡的海鲜，在保证新鲜健康的基础上，均以68折出售；凡在用餐时发现海鲜异味变质，或以次充好、以死充活的现象，一经查实，集团将对举报人进行奖励及道歉。

"海底捞的特色是服务，我们的特色是品质。"汪尧松说。

2009年，澳门豆捞成立一流的食品有限公司。公司位于杭州萧山经济技术开发区，建筑面积

超过 11 万平方米，引进整套先进的德国生产线，并聘请到多位食品专家和科研人才，对新品开发、原料配方、营养保持、口感口味、外形美观度进行全方位把控。

2014 年，是澳门豆捞全面进军食品生产领域的开局之年。除了引进外，澳门豆捞还开始推出自己生产的冻品食材。

时至今日，澳门豆捞"航母级"食品生产基地生产的冻品食材，已在全国澳门豆捞餐饮直营门店销售近半年。

"从供应商的筛选索证，到原料采购后到达仓库，到生产车间，到实验室，到市场……澳门豆捞都严格将'质量和品质'放在等同于企业生命的位置，来监管来实行。"汪尧松介绍。

在原材料方面的采购上，拿澳门豆捞食品厂研发生产的经典鱼糜制品来说，其主要原料金线鱼浆是由印尼爪哇岛海域捕捞的金线鱼提炼；果汁饮料中的苹果、番茄、胡萝卜等原料，来自水果名品辈出的瓜果之乡新疆；配料中的糖产自国内著名食糖产区云南和广西地区；芦荟原料来自云南；能降三脂的樱桃酒原料来自山东……

生产方面，汪尧松不仅要求生产工作人员有身体健康证明，在进入生产车间之前必须更衣、消毒外，在全自动先进生产设备的运行过程中，还要定时进行检测，如鱼糜制品生产线每小时就需要专业技术师对 60 多个节点进行检查检验。

"质量监督工作更是贯穿始终，原材料到半成品、成品，乃至上市都在密切监督中；从直观检测，到专用设备仪器检测；从包装、标签，到 pH 值、微生物菌群，到第三方送检……澳门豆捞在每一个环节的细微处把好质量关，将安全美味的食材送到每位朋友家里、餐桌上。"汪尧松表示，在原有的品质基础上，2014 年开始，澳门豆捞更注重食品安全把控。

"食不厌精，脍不厌细"，澳门豆捞用行动精彩地诠释了中国传统的饮食之道。

（第二版）

"炉"火纯青
"鱼"香倾城

《都市周报》美食专栏记者　何　晨

　　炉鱼，是外婆家神话的延续，一个餐饮传奇的另一个开始！

　　个性时尚的装饰，类似于酒吧的自由氛围，炉鱼一开业便吸引了时尚感敏锐的年轻人。烤鱼和啤酒是必备元素，品鱼至汗流浃背，饮酒至微醺，渐露真情。

很波西米亚的烤鱼"餐吧"

炉鱼，这家专做烤鱼的门店，保持着外婆家一贯时尚的风格，一样的"酷"，一样的"拗造型"！没有油烟，没有异味，你根本不会想到这是一家烤鱼店。大门口青石红砖墙上，彩色手绘的一条大鱼，很是夺目。彪悍的彩绘大鱼，霸气地注视着过往的客人。另一面铺满彩绘图案的墙面，似乎在诉说一个古老的故事，一个关于"烤鱼"的传说！

而动用了三面墙手绘而成的一条超级彩色大鱼，似乎要将整个餐厅都占据为"鱼"的地盘，和对面的炉鱼LOGO霓虹灯相互呼应，更巧妙地诠释了餐厅的主题。旁边"游弋"着形状各异的一条条彩绘小鱼，带你进入一个奇幻的鱼的世界！

等候区依然是簇拥的排队人群，叫号声依然是亲切的童声，电视上播放的是时尚的服装秀和拍摄炉鱼制作过程的DVD《舌尖上的炉鱼》……炉鱼的地面，很波西米亚风格的彩色画绘，配合着餐厅色彩绚丽的丽江风格的软装；墙边立着的

彩色木梯，木梯上挂着很炫色的花丝巾和花雨伞；两个工厂里用来绕电缆线的大型圆柱木圈，也被披上了很波西米亚的花色棉布，做成了供客人休息的大圆凳，和红色的塑料座椅、青色的钢制座椅、黄色的皮质沙发椅、做旧的原木沙发，相互 PK 着绚丽的色彩。

直径 2.6 米、重 1.7 吨的超级大烤炉

如果说，这一切的"造型"，在外婆家的其他门店还能找着一些印记，那么，中央吧台的那个巨大的烤炉，绝对是最大的亮点！这个炉鱼自主研发并拥有专利的大家伙，直径 2.6 米、重约 1.7 吨，看上去就像飞船舱，也有人说它像传说中的 UFO，总之是很太空星际的感觉。据说，炉鱼是借鉴了国外的比萨烤炉，专门设计制造的，一次可以同时烤 20 条鱼，绝对的亮眼，绝对的独一无二！并且只需要短短 7 分钟就可以完成烤制，口感提升，还为顾客就餐节约时间成本。另外，得益于内部设计的恒温控制，可以保证烤鱼四面受热且受热均匀，确保口感，这是传统烤鱼店无法比拟的。

中央吧台的外一圈，放着一把把不锈钢的高脚椅，吸引着习惯酒吧吧台风格的俊男靓女。

5种鱼、19种口味，总有一种让你痴迷

炉鱼，成功地将街角巷尾常见的烤鱼搬上酒店餐厅的餐桌，并利用炉烤的创意烤法保证健康美味。

鱼有五种，分别是海鲈鱼、草鱼、湄公鱼、鮰鱼、鱼钩。草鱼在江浙一带很被人认可，鲜嫩、经济实惠；鮰鱼、鱼钩都是很肥美细腻、胶质较多的鱼种，土生土长的钱塘江鱼钩肉质最是细腻，吃起来有一种丝滑的感觉，味

觉效果相当棒；而鮰鱼和鲥鱼、河豚、刀鱼并称"长江四鲜"，肉嫩味美，无细刺，最奇妙的是带软边的腹部，肥嫩异常，是淡水食用鱼中的上品。

香辣、剁椒、鲜青椒、蒜香、鱼香、黑椒蚝油、酸辣、酱椒、泡菜、咸鲜、豆豉、鸡汁杏鲍菇……19种独具特色的口味，几乎囊括了所有能够想到的鱼的口味和吃法，总有一种口味让你痴迷！

新鲜杭椒剁碎，放5种香料腌渍30分钟，加入新鲜花椒、线椒，略辣，但口味绝对清鲜，这就是鲜青椒味，对于不太擅长吃辣、喜欢清口的食客，可以说是最好的选择！香辣味是烤鱼的招牌口味，用15种香料熬制的自制辣油和12种酱料自制的香辣酱，红亮油润，大把的干红椒、葱花、蒜、芝麻、花生米，铺在上面，香辣浓郁，鲜香入味，端上桌就是强烈的诱惑！

蒜香味，加入了大蒜头煸炒，还有8种酱料制成的蒜蓉酱，蒜香味重，辣中带鲜；剁椒味，用6种材料腌渍过24小时的红椒，加入12种材料自制的酸辣酱，微辣适口；怪味，加入了自制辣油、辣椒酱和干红椒、干花椒、京葱等，酸、甜、咸、辣、麻，各种味道融合；豆豉味，加入自制豆豉酱、本芹末、红椒末，豆豉味融合芹菜香味；鱼香味，四川鱼香肉丝的口味，融合到烤鱼上；黑椒蚝油味，黑胡椒味浓郁，蚝油香；麻辣味，调汁中打入干花椒，鱼身上铺上清鲜花椒，比

香辣味更麻，但辣味略减；泡椒味，加上泡椒、野山椒、青椒、京葱腌渍，泡椒味浓；双椒味，新鲜杭椒、美人椒、花椒，鲜辣清口；酸辣味，野山椒、青红椒，加入自制辣酱、保宁醋，酸辣粉的感觉有没有？泡菜味，白萝卜、胡萝卜腌制24小时，加入带汁水的野山椒、青红椒，微酸微辣，泡菜口味浓；酸菜味，流行的酸菜鱼的味道哦。而咸鲜味和鸡汁杏鲍菇味，则完全不辣，咸鲜味用的是老母鸡、鸡爪、筒骨、龙骨等熬制24小时的高汤，本土的杭州味道，而鸡汁杏鲍菇味加的是鸡香味浓的土鸡高汤，也是江浙的本土味道。

南下北上，炉鱼布局全国

2013年，炉鱼在杭州开出3家门店，分别是利星广场店、城西银泰城店、西溪印象城店，受到杭城食客的喜爱。随后扩张到湖州、诸暨、宁波、常州、天津、武汉等地。

2014年5月1日，炉鱼入驻上海世博园，开业首日130个餐位累计接待顾客1300多人，翻台超10次，火爆程度"夜不闭店"！5月30日，炉鱼挺进珠三角，深圳皇庭店火爆程度超越上海，首日接待顾客达到1500人，需要跨日经营完成接待！

炉鱼的成功得到了众多商业中心的青睐，邀约不断，2014年全年，炉鱼将在全国20多个城市开出近30家门店。

【外婆家·炉鱼】

利星广场店位于平海路124号利星名品百货广场B1楼，城西银泰城店位于丰潭路380号城西银泰城3楼，西溪印象城店位于西溪印象城2楼。

外婆家"火锅超市"
锅小二来啦!!!

《都市周报》美食专栏记者　何　晨

在杭城美食圈,流行着这样一句话:"小二哥奉锅,外婆喊吃饭!"

——这位亲切的小二哥,就是餐饮大鳄外婆家旗下时尚火锅潮牌——"锅小二"。

美食天地篇

2013 年 7 月 30 日，"锅小二"的首家门店，在西湖边的利星名品百货广场试营业，创造性地将超市自选模式运用到餐厅中。

外婆家做火锅，这似乎一直受到食客们的关注和外婆家粉丝们的强烈期待！在这个持续高温的夏日，"锅小二"一开张，就超级火爆。开业首日，超级火爆的粉丝人群，使得"锅小二"不得不在下午 5 点就停止发号。

小清新的餐厅，墙上挂着 "变形金刚"

与当下外婆家新门店张扬炫丽、复古怀旧的设计风格不同，"锅小二"走的是小清新路线。

白色的主色调，搭配浅紫色的手绘图案；不规则菱形镂空白木隔断，搭配同样白色的造型吊灯和白色的大理石地面，连门口等候区的电脑都升级成白色的苹果电脑；白色方桌，很小清新地搭配着绿色的沙发椅和绿、橙、白几色的靠背椅；金黄色的麦秸板大面积地用作墙壁和地面，算作是比较炫目的点缀。

整体的小清新中，又暗藏着一丝张扬，白色日式隔断柜上是五颜六色的各式酒瓶，在灯光的映照下绚丽多彩。最张扬的莫过于墙面上那些张牙舞爪的汽车部件套件，让人自然而然想起变形金刚！

开业至今，"锅小二"掀起的小清新风潮，已成为杭城自助火锅的风向标。在吃货圈，流传着一句话："吃火锅，找小二哥！"

超市自选，按次买单提倡 AA 制

循着"客官，请进！"的清脆报号声，找到小二哥，领号入座，点好锅底，拿起号牌，步入超市。锅小二，最特色的就是五个区域的自选超市，正中一个大展柜是主要涮料的自选区，摆放着 6 元、10 元、15 元、20 元、25 元、30 元等不同规格的涮菜；另几个区域分别是海鲜制品区、切肉区、点心区、饮料甜品区。新鲜足量的蔬菜船；手工制造的 Q 弹丸类，芝士、蟹籽、海胆、牛肉、鱼丸，小二给出更多选择，馅料多到爆浆；海鲜类力求新鲜，贝类应有尽有，跳跳虾个大饱满，活力十足……在琳琅满目的自选超市中，所见即所得，看碟下单，吃着放心！

自选超市实行每次选菜，每次单独买单。除了能够节省一部分人力成本，"锅小二"最主要是希望提倡一种新的消费理念和消费方式。自选自取可以避免一次点太多的菜品，吃完了再拿，避

免浪费；同时，"锅小二"也在推广多品种、多选择、多搭配的拼盘，也是希望客人能够在实惠平价的基础上，吃到更多品种的菜品而不浪费。再者，每次取菜每次单独买单，谁喜欢吃什么自己买什么，自然形成 AA 制的消费方式，让消费更自由轻松。

虽然是全新的消费模式，但杭州的食客们似乎特别能接受，"自己去火锅超市自选自取，直观方便，爱吃什么拿什么，食材新不新鲜、好不好也一目了然。再说，这么多好东西很直观地呈现在面前，也增加我们的食欲。"

食材新鲜自然，小吃保留老杭州记忆

"锅小二"的食材，讲究新鲜、自然，拒绝深加工。

蔬菜是直接从基地运来，洗净上柜，新鲜清爽，健康自然，"我们只做大自然的搬运工。"小二哥用了一句广告语形象地比喻。

而牛肉、羊肉，是从内蒙古直接空运过来，新鲜自然，那牛肉的口感，完全可以媲美高端日料店的生吃牛肉，极赞！肉圆、鱼圆，则全都是手工自制。

食材上档次了，但"锅小二"还是要保持外婆家一贯的超值性价比。"锅小二"还特意保留了传统的杭州记忆，推出了很接地气、价格实惠的老杭州点心，有爱有回忆的油墩儿、葱包桧、油条、炸小馒头，还有很受杭州食客喜爱的广式腊味煲仔饭。小二哥还贴心地加入了女生最爱的甜品，香脆的花生绵绵冰、QQ 的大

个芋圆、糯糯的莲
子、沙沙的绿豆，酥
脆香浓的榴莲酥，个
顶个的诱惑！

锅碗碟器皿全定制，锅底多样化

"锅小二"的火
锅，还是用的大锅，
因为大锅更有中国人团团圆圆的气氛。锅子是专门设计、开模定制的，用的是铸铁锅，一则保温传热性能好，二则铸铁对人体更健康。

"锅小二"的炉，也是专门设计定制的无烟炉，从下面回风排烟、净化处理，美女帅哥们，再也不必担心吃完火锅后的一身火锅味了。

"小二哥"绝对不会放过一个品质上的小细节。碗碟等盛器，是在荷兰花8000多元买回来的大师作品，重新设计定制的；放涮菜的密胺器皿、陶制器皿、竹器皿，都是专门定制的，个性有品位；连盛肉的盘子下的藤垫子，都是在吴哥窟买回来，在辽宁找到农民手工编织的。

火锅锅底，"锅小二"除了传统的麻辣锅、清汤锅、菌汤锅、番茄锅外，创新地加入了冬阴功锅、咖喱锅、寿喜锅等口味独特的锅底，足料且口味正宗。所有锅底，还可以根据自己喜欢的口味，任意双拼鸳鸯组合。最推荐寿喜锅，日本酱油、味淋、清酒，煮包心菜、玉米、香菇、菌类，汤呈酱色，味道清爽略甜，用专门的敲蛋器敲开鸡蛋当做调料，牛羊肉蘸着鸡蛋、海鲜酱油、醋吃，味道独特，鲜嫩清鲜！

【外婆家·锅小二】
平海路124号利星名品百货广场B1楼。

新白鹿　首开杭州排队吃饭之风

《杭州日报》美食专栏记者　李坤军

　　杭州的餐饮这些年做的风生水起，一大批餐饮品牌拔地而起，他们走出杭州，走向全国，形成"北上南下"的蔚然之风。有很多人说羡慕杭州，一则羡慕杭州的风光，西湖的妖娆让无数人竞折腰；二则羡慕杭州的美食，除了琳琅满目的品种，更是有众多平实的餐厅可供挑选。杭州这个城市的缓慢节奏，于是既体现在西湖摇橹船的咿咿呀呀中，更体现在众多餐饮店门口那长龙似的等候吃饭的人群上。

　　如今，去杭州相对旺一点的餐厅，等候排队仿佛成了件必做的功课。那你了解不，从谁开始，杭州刮起了这股等候风，直到现在也没有停下来？或者换句话说，是哪个餐饮品牌首开了杭州排队吃饭之风？答案是在杭州鼎鼎有名的新白鹿。

　　首开杭州等候之风的，事实上是新白鹿的耶稣堂弄店，靠近武林银泰百货。这最初只是家面店，也是新白鹿真正发家之地。由于靠近最繁华的商业区，本身又是杭州高性价比餐厅的典型代表，新白鹿耶稣堂弄店，从早到晚生意不停，遇上年中年末银泰的血拼季，更是会被食客全面占领。最初的耶稣堂弄店，只有两层，到后来慢慢扩展，最终变成我们今天能看到的四层。耶稣堂弄店最为夸张时会怎么样，老板娘说，一天光面条，就可卖出近600碗。这样想想，当时排队的队伍该有多长。虽效仿者甚众，但在十多年后，新白鹿还需要排队，甚至在新店开张的首日就要排队，而众多的餐馆已经不知所终，甚至连一个淡淡的印痕也没留下。其实，排队吃饭只是个表象，新白鹿改变的是这个城市的人上餐馆吃饭的习惯。

新白鹿从耶稣堂弄店发家，却没有固守原先的成功之道，除了仍保留其赖以成名的"口碑"外，新白鹿的一切在此后的每一家门店中都在变化。2009年年底开出的新白鹿西湖银泰店，这是新白鹿第一次进驻现代意义上的商业体，结果仍一炮走红。在这里，新白鹿玩了一种混搭风格，主色调为洋派的乳白，有那么种英伦风格，又流淌着旧上海的淡淡风情。整个餐厅1000平方米，

但被设计师巧妙地分割成了七个区域，顺利地烫平了过往白鹿给人的嘈杂感。同样引人眼球的还有那些座椅，在一片乳白中，间或插入一些黄、蓝、红的明式太师椅，出挑却不那么突兀，洋溢着一种和谐混搭的平静。

一年后的年底，新白鹿第一次走出杭州，来到萧山，开出萧山银隆店，自银泰西湖店华丽转身后，白鹿一直让自己处于略带前卫的"变"中。这一次，白鹿选择了欧式田园风格，色调大方、温暖，让人仿佛一下子就能找到家的感觉。正是这种开放式的寓意，使得新白鹿更像一个包罗万象的大自然，无数鲜活的色彩以及生命在这里跳跃。除了果蔬的芬芳，这里还有由不规则的钢管抽象而成的树木，鸟儿在上面栖息；有由胡萝卜、杨桃、花菜等串成的太阳花，笑容在这里绽放；有陈旧的黑白电视机，时光在这里流淌；有马赛克纹理的墙面，阳光在这里驻足。

作为一个从杭州起家的餐厅品牌，不征服西湖，还算不得是个强大的品牌。新白鹿完成对西湖的征服，是在 2011 年的 5 月，这一年，他们开出解百元华店。即便这里的房租更高，但新白鹿还是不失自己的平民本色。在菜单上，仍可找到 5 元的糖醋排骨，3 元的话梅花生等。事实上，这样的售价，已跟了新白鹿多年，也跟了食客们多年。在一个人人试图赚快钱的年代，新白鹿所做的生意可能并不高明，但却实在。老板娘说，每天把门打开，就能看到那么多人跑进来，心里就

会很踏实，这样的生意做着才有将来。

随着新白鹿的进驻，西湖边的餐饮才真正回归民间。试想一下，如果只要你付出人均不到 50 元的餐费，就能在一览无余的西湖面前尽享人生，如此惬意何处可觅？当西湖的微浪就那么一波又一波地推到你跟前的时候，眼前的盘盘碟碟是不是也会明快起来。

如今，新白鹿正在杭州开出越来越多的店，其发展的步伐，也早已超越大杭州的概念，将店开到了中国最为时尚的都市

上海。然而，新白鹿与这个时代接轨的，只是其运作的手法，至于新白鹿的菜品，还是传统的那些更为经典。譬如说那道人人都爱的"鱼羊鲜"。这道菜是由一整条鲈鱼加上一些羊肉片熬制而成，其中鲈鱼肉质细嫩，入口爽滑；羊肉去掉了其本身的羊膻味后，香软且有嚼劲。当你喝上一口汤时，便会明了古人造字为什么要用鱼加羊组合成为"鲜"字。它们相互提味，融合得恰到好处，巧妙地形成了名副其实的鲜味。

【新白鹿餐饮】

目前营业中有 14 家店，其中杭州 12 家，上海 2 家，另有 2 家门店开业筹建中。

张生记：
扬名立万的笋干老鸭煲

《今日早报》美食专栏记者　祝　瑶

在美食天堂杭州，鼎鼎大名的张生记大酒店可以说无人不晓。

秉承杭帮菜精工细料的精髓，张生记的一记笋干老鸭煲，成为一代杭州人怀旧岁月中戒不掉的食趣情结。

不仅是杭州人难以掩饰对食鸭的款款爱意，张生记的一锅老鸭煲，在江南地带同样闻名遐迩。

20世纪80年代末的张生记，在市井味四溢的中山北路上。不足70平方米的店面，仅可容纳五六张小桌，日日人头攒动。门口街面上放着几只煤饼炉，文火慢炖，总有人寻味而来，鸭子的香气随着时间弥漫开来。

老鸭煲的选料颇为严苛，张生记大厨严选一年以上的中华绿头母鸭，个头在

三斤半左右。秘方腌制后，配以上等的陈年火腿、江南野山粽叶，淋入绍兴花雕酒。准备就绪后，美味食材置于传统的砂锅内文火细炖熬上3个小时以上。产自临安的嫩扁尖笋尖，被除去了老根，撕成了条切，冷水浸泡一个钟头。眼见老鸭经历了大火和中火的温度和时间的历练，笋尖再沥水入锅。焖烧制不久，清香四溢。

启盖时，一锅老鸭，芳香扑鼻，汤汁浓而不腻，老鸭酥而不烂，口感浓滑醇香。急不可耐的食客，揭锅觑视，老鸭酥烂而有形。用筷子轻轻划开鸭身，将鸭胸骨头轻易取出。香味四溢的鸭肉绵香，着实为"食不厌精，脍不厌细"的正宗江南味道。

盛一碗鲜汤，宽慰辘辘饥肠。肉绵笋脆，滚烫鲜香。满载老鸭精华的汤汤水水盈满整个口腔。食一口用大砂锅慢火煲制出来的汤鸭肉，滋养了五脏三阴，生津开胃。

张生记以一份笋干老鸭煲，为世人所知晓。这一道地道的杭州名菜，历久弥香，还被中国杭帮菜博物馆永久收藏。

2000年，慕名前来品尝的人越来越多，声名鹊起的张生记重新择址，在如今的南肖埠双菱路上开出五层楼高经营面积达上万平方米的旗舰店。后来，这里几乎成为吃笋干老鸭煲的代名词。张生记作为杭帮菜馆的领头羊，分店率先挺进上海、北京、香港等一线城市，风靡全国，几乎家喻户晓。就算是餐饮业同行纷纷效仿炮制，但著名的"张生记老鸭煲"始终如一，无法替代。

轻取食客之胃的张生记，已是两代人的挚爱，步履蹒跚的年迈老人再到正值上升期的"80后"年轻一代。至今还有为了那一份老鸭煲慕名而去张生记的全国食客，但品尝过几道张生记菜品后才知道，作为杭帮菜领域的翘楚，张生记的绝无仅有"一招鲜"。

新一代的张生记杭帮菜，博采众长，精工细作，擅长生炒、清炖、嫩熘等技法，各路食材在蒸、烩、汆、烧的过程中，依旧保留了传统的原汁原味。特色菜鸡油花雕蒸鲋鱼、东坡肉、元宝大虾、秘制脚圈、精品糟拼、双味鳕鱼柳等都脍炙人口。

除了保持了做功和色香味上的造诣，张生记还融合了现代餐饮元素。张生记

接连开出完全颠覆自我的新形象店，聘请了香港设计师做设计方案，紧随年轻人潮流趋势。不论是银色系的时尚装修，还是殿堂里六角形的银色蜂巢、折纸效果的牛车装饰品，以一口江南风味倾倒了众生的"2.0版"张生记，一年四季宾客如云。

在张生记的全国门店一享杭帮美食，排队候场是常有的事。而张生记招牌老鸭煲因为烹煮起来费时费心，日限量供应100余只，来晚了就只能明日请早了。

【张生记】

张生记大酒店总店位于杭州市双菱路77号。目前张生记已在杭州、上海、沈阳、北京等地相继发展了13家门店，总营业面积超过6万平方米。张生记，365天，天天有新菜，这里将为您提供最美的餐饮服务，让您享受一次美食天堂的欢乐历程。来杭州，必到张生记。

伊家鲜味大不同

《都市周报》美食专栏记者　何　晨

"世上处处有鲜味，伊家鲜味大不同。醉倒洪七公，拜倒小黄蓉。题字有金庸。"

这段文字，是大侠金庸老先生，第一次在伊家鲜用餐后，赞不绝口，欣然挥毫泼墨，题写的。

"烹调之圣"厨神后人，厨中之教授

伊家鲜，杭州知名餐饮品牌，掌门人伊建敏，是中国历史上有"中华厨祖"、

"烹调之圣"之称的五朝贤相、厨神伊尹的后人。

《老子》曰："治大国，若烹小鲜"，源自伊家祖先伊尹。伊尹，夏朝莘国人，原为国君家奴，博学多才，精通烹饪之道，颇得商汤青睐。为了获得伊尹的辅佐，商汤迎娶公主，指名要伊尹作为陪嫁人员，伊尹来到商国，辅佐商汤获得天下，又辅佐商朝五代帝王，成为五朝贤相。

商汤的帝业从与伊尹的对话开始，伊尹从调和五味开始谈到各种美食，引申出修身、治国、平天下的哲理，"治大国，若烹小鲜"源出于此。这一哲理引导商汤成就帝业，此事见于中国烹饪最早的文献《吕氏春秋·本味篇》。

"大江东去，浪淘尽，千古风流人物"。作为历史悠久的烹饪王国厨神伊尹的后人，伊家鲜掌门人伊建敏，居自古繁华的钱塘，受南料北烹的熏陶，擅烹饪之技，操伊尹旧业，以中华优良烹饪传统和现代理念完美结合，博采众长，形成伊家本味特色，被金庸老先生以"厨中之教授"称之。

忙中出错，成就伊家一道"金字招牌菜"

伊家食谱有口皆碑，伊家鲜有一道"金字招牌菜"——浓汤象拔蚌，是伊家鲜菜肴经典中的经典，食客们戏称"一直被模仿，从未被超越"。

这道"金字招牌菜"的由来，以及伊建敏和大侠金庸老先生的渊源，都源于2002年的一次不期而遇。

2002年4月的一天，时任浙江大学人文学院掌门人的金庸老先生，通过浙江大学人文学院教授张梦新的介绍，下午4点多，从机场下飞机，突然直接造访伊家鲜宏丽店。

金庸夫人很喜欢杭州片儿川，伊建敏就让厨房切好肉片、笋片，准备给金庸夫人烹制一碗高汤片儿川。当时宏丽店厨房不大，大厨忙中出错，将一旁片好、准备做刺身的象拔蚌，当做片儿川的料，倒入了煲好的高汤内，却惊喜地发觉，错倒入高汤里的象拔蚌味道是极好的。金庸吃了大喜，一口气连喝好几碗，题赠开篇那段文字。

接下来的几天，伊建敏马上对那道高汤烧象拔蚌，加以完善改进。采用五更老火汤，包括农家土鸡、金华雪舫蒋火腿、松茸、干贝、蹄髈、鹅掌、香菇、笋片、酸菜等28种原材料，用虎跑泉水熬制十多个小时，汤浓味鲜，这道菜就是后来伊家鲜的"金字招牌菜"——"浓汤象拔蚌"。

此后，金庸老先生每次到杭州，虽然行程都安排得特别满，但总要到伊家鲜去吃顿饭，而每次那道"浓汤象拔蚌"自然是必上的。据江湖传闻，金庸夫人"巾帼不让须眉"，更胜金庸大侠，曾创下一口气连喝5碗汤，还意犹未尽！

虽然这"喝象拔蚌汤吉尼斯纪录"究竟是多少，杭城美食江湖间，众说纷纭，但这道"浓汤象拔蚌"毋庸置疑成了伊家鲜菜肴"招牌中

的招牌，经典中的经典"。

　　而金大侠也对其手艺拍案叫绝，称他"烹饪妙手世无双，大嚼暗尽灯烛光"，以"厨中之教授"称呼伊建敏，且与之详解"烹鱼烦则碎，治民烦则散，知烹鱼者知治民"。伊建敏于是悟出杭城美食之新"鲜"主张："店无须大，以人为本，菜不媚俗，以精为道。"

"伊家烤鸭"口味更胜北京烤鸭

　　说起烤鸭，许多食客可能就会想到北京烤鸭。但其实，在南宋时候，杭州就有一道类似烤鸭的历史名菜，叫"武林炙鸭"。

　　伊建敏将这道"武林炙鸭"，从史书文献中挖掘出来，在重现这道南宋名菜的同时，结合了新的元素，成就了伊家鲜的另一道名菜——"伊家烤鸭"。伊家烤鸭，采用肥厚多肉的北京填鸭为材料。伊家鲜选用的北京鸭，是2008年奥运会指定配送产品，从鸭蛋选择、孵化，到鸭子吃食、生长，都严格控制，全程记录可追溯；宰杀不落地，全自动急冻、冷藏、冷链配送，是为安全放心食品。

　　烤鸭采用山东运来的枣木烘烤，增加了独特的果木清香，油而不腻、入口即化，营养美味更胜北京烤鸭，一推出就大受欢迎。

　　龙井虾仁，这是一道传统杭州名菜，杭城许多饭店菜馆，或地道或"山寨"，

都会有这道菜。伊家鲜的龙井虾仁，每一只都必须是精心挑选的活的大河虾现挤出来的，洗过，沥干，再用蛋清、盐、生粉浆2～3小时；龙井茶更为讲究，必须是清明前后的新茶，做出来的龙井虾仁，色泽粉红色，有河虾自然的鲜味和龙井茶的清香，这才够得上地道精品杭州名菜。

伊家美食，鲜是根本

当年，厨神伊尹的烹调理论体现了他对食材的了若指掌。可见，想要成为名厨大师，不仅要有精湛的厨艺，同时还要有挑选食材的眼光。清代美食家袁枚曾说："大抵一席佳肴，司厨之功居其六，买办之功居其四。"伊建敏得兼二者之长。

"伊家美食，鲜是根本"。这个"鲜"，有3层含义，第一，自然是菜肴的鲜味。第二，也是伊家菜肴的精髓，就是"原汁原味，不乱添加，遵循自然"。浓汤象拔蚌，浓汤必须是28种食材，自己熬制的，决不用市场上买的汤皇调料；伊家烤鸭，用的北京鸭，必须是2008年奥运会指定的配送产品；龙井虾仁，虾仁决不用外面那些用苏打、老碱等涨发的"大"虾仁；连简单的辣油，为了避免有色素，都是自己熬制的。香港四大才子之一的美食家蔡澜，也曾为伊家鲜题字"原汁原味"。第三，"鲜"也指的是时鲜，健康养生的时令菜肴。24个节气，都有各自特色的食材、菜肴，是最适合健康养生的。比如，冬天时节，药补不如食补，食补当数伊家鲜"五羊宴"。五羊，是指草原羊（内蒙古锡林郭勒大草原、呼伦贝尔大草原上的优质小羔羊）、水底羊（鮰鱼）、山中羊（乌龟）、陆地羊（兔子）、天上羊（大雁）。而"头脑"、"海参羊肉"、"热切羊肝"、"红烧羊肉煲"、"伊家水精灵"、"精灵狮子头"、"鮰鱼捞面"、"鮰鱼烧羊肉"、"炭火炖山龟"、"乌龟炖海鞭"、"霸王兔"、"小煎兔"、"竹乡大雁"、"和合二鲜"等伊家五羊宴的招牌菜肴，一直为食客们津津乐道。

【伊家鲜】

保俶店位于保俶路221号，金都店位于教工路2号金都宾馆2楼，宏丽店位于艮山西路198号宏丽宾馆2楼。

引领"味蕾革命"
去川味观吃火锅是种习惯

《今日早报》美食专栏记者　祝　瑶

　　延续了数个世纪清淡秀雅口味的杭州人，却偏偏爱上了辣。

　　以不同层次的辣为特征的川菜，也逐渐与传统杭帮菜相抗衡，引发了一场轰轰烈烈的味蕾革命。

　　而引领这场舌尖上的"味蕾革命"，正是在杭城伫立了近二十年的川味观。

去川味观吃火锅是种习惯

　　一间一眼就能望尽的小店面、几张油腻不规整的桌椅；在眼前咕嘟咕嘟翻滚的汤底，不时地下筷猎获一簇涮得刚刚好的肉，或是一堆汤汁尽入的蔬菜……上个世纪 90 年代，散落于街头巷尾的川菜馆，并不算流行，但火苗静静跳动的川味火锅，却已经俘获了川味观创始人两兄弟的心。

　　在偌大的杭城，当时能够叫得出名号、像个样子的川菜馆，更是凤毛麟角。

　　直至 1996 年，川味观的两位创始人兄弟李明明和章红红，依靠之前在蜀地跑丝绸生意与川菜结下的缘分，风风火火闯入了杭城餐饮业。

　　在凤起路上，两兄弟开出了一家面积不足 700 平方米的川味火锅店。横空出世的川味观，虽然名不见经传，但规模超前、风格洋气，一向有"杭儿风"习性的尝鲜客，禁不住纷纷尝试，小试牛刀的餐馆一炮而红，生意火爆。

　　当时的餐饮流行，就是在"大啖"火锅的季节里，携三两好友去川味观围炉而坐，坐等冒着红油的川味火锅汤滚。几盘子肉呼啸上桌，又呼啸下锅，随即被十几双筷子风卷残云般地迅速挑走，其中的滋味妙不可言。

　　对两位创始人来说，已经站稳杭城市场的川味观，力求稳中求变，大胆创新。考虑到杭州本地人的口味，两兄弟将川味观的川菜系列进行了改良。川菜系列在一年之后也加入了川味观。

　　在对色、香、味、形、器苦心孤诣追求的两兄弟看来，传统川菜讲究的是麻辣，对颜色的搭配并没有太大的要求，而讲求色香味俱全的川味观火锅，首先颠覆的就是老传统。

　　汤底需要改良，两兄弟就请四川师傅千里迢迢驶抵杭城帮忙；想要每一道菜川香够味，辣椒、香辛料组合的调料就托专人从四川采购而来。

　　川味观的发展渐入佳境，两位创始人还是极力在追求原味，就连原产地正宗的小米辣椒，还是基本上两天一次"打飞的"从成都来杭。

　　历经多年的发展，川味观逐渐形成了川菜、火锅和杭帮菜三类菜结合的菜肴特色。

　　在川味观，不顾千山万水从内蒙古锡林郭勒大草原而来的羊肉，形薄如纸，红白相间，温顺地卷曲着，在美味汤料的浸润后入口即化。300吨的极品羊肉，正是川味观一年所需要的羊肉。

　　川味观的火锅调料也早已突破白垩纪的"蛮荒时代"，现在川味观火锅调料的种类，已不输那些海鲜火锅店了。南乳汁、海鲜酱、泰椒、老妈蘸酱、麻辣酱、沙爹酱、牛肉酱、XO 酱、鱼香酱……辣的不辣的调味品林林总总多达 27 种，而在自助餐台上，除了这些调味品，还有类似凉拌海带、凉拌黄瓜这样的凉菜和几种时令水果无限量供应。

"最好玩"的自助餐厅——锅内锅外

与中规中矩的川味观不同，2013 年，"不安分"、"玩心大发"的两兄弟，又将目光投向了年轻人叫好的火锅式自助餐。

火锅作为一门相聚的艺术、陪伴的艺术、混搭的艺术和炽热的艺术，川味观当家人深知个中真味。凤起路和凤起东路上相继迎客的"锅内锅外"，完全按照两兄弟的"好玩"理念，再次将火锅版的"土豪"吃法进行到底。

大块大块的撞色图案，星罗棋布，在餐厅里跳跃着；餐厅入口处"地铁式"的进站系统，让所有人大呼新鲜；最重要的是，略感"囊中羞涩"的食客都可以来此一享"扶墙进扶墙出"的快感，因为两位创始人发话了，黄金时段的自助餐价格不会跳上三位数……

"很多年轻人的概念中，吃自助餐是'土豪'们干的事儿。"川味观的两位当家

人认为，两位数价格的火锅自助餐，更适合"80后"、"90后"的一代年轻人。

最让人充满记忆的，就是锅内锅外自助小火锅的"好玩"。比起径直走进餐厅落座，吃自助火锅需要买张"饭票"，再持票进入"地铁式"的入闸进站系统"刷票"。

别有洞天的餐厅自助区展现在眼前，霓虹灯元素运用于餐厅内部，混搭的潮范儿、兼具复古与腔调的摆设，统统不设防，大胆地玩在了一起。

一人一锅的"小火锅"，轻盈地摆在了桌前，好比自家的自留地，随兴又不失热闹。按照自取模式，自助区上百款种类丰富的鱼贝、生鲜、蔬菜、家常素菜，鲜嫩嫩的三文鱼刺身，现切的牛羊肉，以及无限畅喝的饮品，琳琅满目，早已让吃货们应接不暇。

冒着烫舌头、辣喉咙去锅内锅外大快朵颐，吃货们的心目中，"大啖"火锅之前摩拳擦掌，埋头猛吃之时七荤八素，饕餮之后则手捧肚子，打起饱嗝，只能用"太过瘾了"来形容。

锅内锅外"爽字当头"的自助式小火锅，吸引食客们纷至沓来。炎炎夏日，大批激情澎湃的"夜游族"在这里聚拢，喜气洋洋流连忘返。

据悉，今年"锅内锅外"动作频频，还将在杭州接连布局，并扩展到全国市场。

杭城川菜的"金字招牌"花落川味观

火锅以看似最简单的烹调方式，竟演变出如此丰富的味道。通过近20年的拼搏进取，川味观已经把川菜之美运用到了极致，烹饪之技吸引了无数食客慕名而来。

要知道，在川味观的12家分店和2家"锅内锅外"中，服务生常常忙乎到连买单刷卡都要排队了呢。

如今的川味观，不仅在杭州市内建起了5000平方米的物流中心兼中央厨房，还自绘图纸在国外定制了一系列的现代化机器。不落窠臼、勇于突破的前瞻性思维，使得川味观迎来了飞跃式的发展，并巧妙地将杭州人的口味与红油翻滚、快意恩仇的川菜联系在了一起。

在两兄弟看来，将火锅的制胜武器"白、红汤锅底"通过中央厨房统一烹制，最后进行杀菌和封口，将能保证每家分店火锅味道都能统一。

这样，爱火锅的"川粉"们无论何时、何地，去杭州任何分店中的一家，火锅的味道都一如既往地美味，每一次都不会令人失望。

川味观俨然是杭城川菜系列的一块"金字招牌"，越来越多的食客被吸引到这个菜系之中，去川味观和锅内锅外体验围炉吃火锅的气氛，已是一种欲罢不能的习惯。

阳光里程　美味航向

《都市周报》美食专栏记者　陶　煜

　　杭州七彩阳光大酒店西邻西溪国家湿地公园，营业面积为3500平方米，持久地为杭州食客提供着一份固执而美味的食事报告。

转型·魅力无限

　　善变，是浙江民营经济的一大特质。顺时而变，是二十年来阳光始终秉承的战略。这么多年来，我们总是能够看到阳光系列不停的改变，阳光始终相信全新的面貌才会带来无限的生机，才能激发杭州人民对杭帮菜的热情。

　　曾经，超大型连锁式的"跑量"模式，使得顾客们购买到中低价位的产品，投资人的投资获得回报，中餐厅形成集约化的产业规模。而如今"七彩阳光"直面挑战，振作精神，重新调整方向，在依旧保持阳光一贯的以商务洽谈，大型聚会为主的基础作风上，又为家庭聚餐，个人就餐提供了许多新型的服务。

创新，使得"七彩阳光"在餐饮洪流中屹立不倒，依旧散发出无限魅力。

管理·顺畅得当

七彩阳光的成功，有赖于成熟有序的管理体系。酒店以顾客满意为标准，制定了一系列的管理制度，以优质的服务和舒适的环境赢得了广大消费者的信赖。同时也多次被评为杭州餐饮业名店、杭州市餐饮业价格诚信先进单位、杭州市物价信得过单位、私营企业文明示范户和西湖区十佳私营企业等多种荣誉称号。

顾客在进餐的时候，若干电梯叮叮当当上上下下，成群结队的装备了先进通

讯设备的制服工作人员忙碌地穿梭往返，流程顺畅，控制得当。如此，才能保证美味第一时间抵达餐桌，以及顾客百分百的满意度。

美味·代代传承

归根到底，一家饭店最让人留恋的必定是美食。七彩阳光大酒店，一板一眼的口味传承，选材有诚意，烹饪有讲究。水晶虾仁、七彩麻香鸡、清汤活辽参、豆沙包和麻球等一道道名菜名点，美名传扬。

水晶虾仁独门秘制，走红杭州二十余年。待到热腾腾一盘端上来，一粒粒硕大丰满、珠圆玉润，在光线的照射下丝丝颤抖。入口感觉更妙，盈润弹性自然不必多说，脆感更是稍微用力即爆碎，一时间大珠小珠跳跃在口中，鲜味迸射，此中妙处，只可意会。

精致的改良版"新杭帮菜"更是以菜肴口味为考量标准，并一贯保持着适中价位。一道蒜蓉竹节虾，竹节虾的新鲜看得见，拨开铺在虾上面的蒜蓉，就着蒜香将虾肉吃下，独特的鲜甜滋味在嘴中绽放，让人回味悠长。

【七彩阳光大酒店】

天目山路 398 号。

品味美食　享受美居
江南忆，最忆新开元

《今日早报》新闻中心记者　黄轶涵

　　杭州人请客吃饭，新开元绝对是不二的首选。

　　1987年，杭州新开元从城市陋巷中一家30平方米的小饭店起步，凭借地道可口的菜肴，以及周到细致的服务，成长为一家集餐饮、住宿、娱乐为一体的综合性集团公司。总部设在杭州，并在上海、北京、南京、合肥、郑州等地，拥有连锁分店18家。

　　如今，新开元是享誉全国的"杭帮菜"老字号，中国十大餐饮品牌之一，中国

美食天地篇

餐饮百强企业。

新开元的味道，早已是南来北往食客口口相传的"印象杭州"。

解放路总店　老店新装豪华而尊贵

杭州新开元大酒店总店位于解放路 142 号，距离西湖风景区步行仅十分钟，登高远眺，西湖湖景一览无余；距萧山国际机场 30 分钟车程，交通极其便利。

2001 年，慧眼独具的新开元大酒店董事长汤小兔先生在杭州市市政府的大力支持下，斥资 9570 万元买下杭州白天鹅大酒店的房屋所有权和土地使用权，又投入 2000 余万元对经营格局进行大调整。装修一新的杭州解放路新开元总经营面积 21000 平方米，其中餐饮面积近 10000 平方米，并设有高档客房和康乐设施，这在当时的杭城餐饮服务业，可谓是名副其实的"航空母舰"。

2010 年，公司又以高星级酒店的标准，对总店进行了全面的改造和装修。

重装开业的酒店，突破原有布局，风格更显大气时尚。信步于酒店气势恢宏的大堂之中，豪华尊贵之感油然而生，全玻璃式观光客梯，更彰显酒店的品位不凡。

酒店共设有风格迥异的餐饮包厢 70 余个，大小宴会厅 10 个，可供 2200 余人同时就餐，一流的多功能会议室 4 个，并有 20 楼 VIP 会所，康乐设施一应俱全，为喜庆宴会、商务洽谈、培训研讨、高管聚会和私人社交之首选。并在全市率先采用先进的液晶屏触摸式电子菜谱系统，让点菜也成为一种乐趣，引领着时尚潮流。

婚宴专家　助您幸福起航

摘下 2013 年中国饭店业最佳婚庆饭店金鼎奖桂冠的新开元大酒店是广为人知的婚宴专家，积 20 多年的婚宴服务经验，8 家门店遍布杭城，殿堂级的豪华宴会设施，专业贴心的专家服务，让您的婚礼美丽绽放。

新开元的婚宴菜肴保持着一贯的高水准：龙虾、鲍鱼、笋壳鱼等是常见食材；大型中央厨房保证出品，上菜速度快，菜肴分量足，最多时 9 对婚宴可以同时上菜，二十分钟至半小时可以将热菜悉数上齐。

"性价比"也是有口皆碑。2014 年，新推出"国定假双休日，超低起步价；非国定假双休日，不设起步价"婚宴优惠活动引人瞩目。总店主打的八款婚宴套系，囊括了从两千多元至三四千元的市场热卖套系。还可以为您专门调整菜肴和套系的价格，满足个性化需求。

美食天地篇

无论您在哪一家门店办婚宴，新开元都配备了一支经验丰富、灵活机动的婚礼策划团队，为您提供"一站式"的婚庆服务。凡满 10 桌，签到台、签到册、签到笔、喜帖、迎宾指示牌、精美席位卡都不必操心。三层裱花蛋糕和三层香槟塔及香槟酒有专人安排，每桌还赠送红酒、啤酒、饮料。新人更有免费婚房，让你尽享温馨甜美的新婚之夜。

新开元特色菜

莲藕焓腰花：入口脆嫩，味美鲜香，甜酸辣鲜脆合一，48 道"新杭州名菜"之一，第四届中国美食节"金鼎奖"。

腊笋千层肉：刀工精细，肉色红亮，油而不腻，48 道"新杭州名菜"之一，第四届中国美食节"金鼎奖"。

开元铜盆虾：先将河虾洗净，放入花生油，煸炒至红，再加入秘制调料。原汁原味，鲜香味美。

千岛湖鱼头王：鱼头半片入锅略煎，加入高汤，旺火烧至熟，放入配料，略烧出锅装碗，盖上熟火腿片。汤汁白如奶，口味醇厚。

红糖麻糍：将澄面烫熟后加入糯米粉、白糖、猪油，加热水烫熟；捞出擀成长 12cm，宽 8cm 左右的方形；油锅放油加热成六七成左右，放入麻糍半成品，炸

成金黄色捞出，待用；放入红糖、芝麻，卷成圆筒形，切成方块即可。色泽诱人，口感绵香，2014年获"杭州名点名小吃"称号，并被中国杭帮菜博物馆永久收藏。

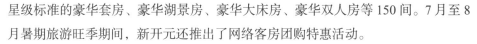

吃得很美味 去新开元住住也惬意

新开元的吃，绝对没话说。新开元的住，也绝对不比美食逊色。

新开元大酒店总店，拥有准五星级标准的豪华套房、豪华湖景房、豪华大床房、豪华双人房等150间。7月至8月暑期旅游旺季期间，新开元还推出了网络客房团购特惠活动。

杭州新开元大酒店总店与国内最具规模的携程网、艺龙网网络订房中心，联合推出网络订房团购特惠活动，例如团购价仅398元，即享原门市价1180元的标准双人房／高级大床房1晚。

美食天地篇

新开元杭州各分店

艮山店位于艮山西路 288 号，经营面积 2100 平方米，可同时容纳 500 人就餐，有 25 间装潢豪华的大小包厢，大厅宽敞明亮。

香园店位于莫干山路 489 号，经营面积 3500 平方米，共有 1200 个餐位，大小豪华包厢 40 余间。

四眼井店位于赏桂圣地满陇桂雨旁，拥有贵宾包厢 9 个，特色包厢 25 个，可同时容纳 800 人就餐。酒店杭帮菜、粤菜、川菜交相辉映，有装饰华丽的中央休息大厅和美轮美奂的巴比伦空中花园。

纳川店位于石祥路 575 号，海外海纳川大酒店二楼，营业面积 1800 平方米，设大小包厢 13 个。除了传统菜，还推出铁板烧系列等。

复兴店是新开元第二家集餐饮、住宿、娱乐于一体的准四星级酒店。位于复兴路 399 号，营业面积 12000 平方米，拥有奢华温馨客房 125 间和配备高科技投影仪的豪华会议室 4 个；豪华餐饮包厢 30 余间，2 个气派典雅的宴会厅和一个能容纳 400 人用餐的大厅。

大关店位于上塘路 520 号广银大厦 2—4 层，经营面积逾 4000 平方米，设有包厢 40 余间和一个可同时接纳 400 人用餐的大厅。

翠苑店君尚餐厅位于余杭塘路 388 号，精致、时尚，意识流派的画作随处可见，WIFI 全覆盖。1800 平方米的营业面积，20 个风格雅致的包厢，配套的卡座格局，独具风味的菜肴特色也有别于杭城其他连锁分店。

临平分店位于临平南苑商贸城，主要经营"杭帮菜"，也融入了湘、川、粤、徽等菜系。共有 53 个包厢及现代化大厅，总餐位数 1000 多个。

千岛湖分店位于千岛湖海外海酒店内，有 18 个风格迥异的包厢，大厅能容纳 500 人同时就餐，并因地制宜推出了当地的特色湖鲜。

逍遥鱼宴山外山

《都市周报》美食专栏记者　陶　煜

　　山外青山楼外楼，一句名诗，成就了杭州的两家餐饮名店。山外山菜馆坐落在美丽的西子湖畔杭州植物园内，背靠青龙山，面对山水园，左依玉泉池。绿荫环绕，鸟语花香，是蜚声海内外的西湖名菜馆。

　　2014 年，山外山经历了一番彻底换装，新亮相的山外山从里到外焕然一新。更显古朴大气，贵而清简的气度。

盛宴，记录人生珍贵时刻

新登场的山外山一楼大厅正对是恢宏大气的白玉立体诗词山水画浮雕《山外山赋》，边上则是纯正的米色大理石转盘阶梯，一盏圆柱形超大水晶吊灯外配祥云黄铜罩，将整个大厅照耀得富丽堂皇。

这样的大场面，适合记录人生的每一个珍贵时刻。二楼宴会大厅层高 5 米有余，尤为适合 30 桌左右的中型婚宴。古典三角挑高屋顶开阔大气，两边的大落地窗，把植物园一框框的天然画图邀到眼前，一片绿意，视野绝佳。宴会大厅房型规整大气，三角屋顶的房梁和两边的窗子都是用上好的红木建成，屋顶闪烁着的水晶灯饰，犹如满天星光洒满温柔……考究的装饰，美味的菜肴，贴心的服务，必将令新人与宾客体验到一次温馨浪漫的盛典。

滋味，鱼头变出百般花样

山外山的大厅古色古香、端庄雅致，雕刻精细的黄杨木太师椅，配上大幅的水墨山水画卷，与复古的水晶吊灯搭配相得益彰。最大的包间还有室外阳台，在参天大古樟的掩映下，品一袭香茗，是家宴的上佳去处。

不少客人去"山外山"是专程为了一道招牌的"精品八宝鱼头皇"。近年来，

杭城各处餐馆都打野生大鱼头的招牌，食客未免审美疲劳而倒了胃口。不过老吃客自有秘籍，直奔"山外山"而来。"山外山"的千岛湖有机鱼供货有保证，"淳"牌有机鱼在千岛湖中生长5年，鱼肉坚实有韧性，鱼汤清澈没有土腥气。每天清晨，千岛湖上几十条渔船撒下大网，万鱼竞跃，水花飞溅。这一网鱼，专供杭州不多的几家酒店。

　　杭州做鱼头菜的饭店虽多，但是"山外山"用料更实在。精品鱼头皇汤味浓鱼肉嫩，配料满满当当，营养丰富，其盛具也是定制的——比脸盆还要大的青花瓷碗。鱼头汤色泽雪白，味道却鲜而不腻，都是"山外山"的功夫和绝活。这步步稳扎稳打的功夫可非三年五载就能练成。

　　新近不但"山外山"的鱼头皇在不断改进中更完美了，而且在拿手的鱼头菜上大做文章，鱼头拆分成了鱼脸、鱼嘴、鱼唇……吃法由头至尾，变化林林总总。金针鱼脸、龙虾戏鱼脑、鱼唇鲍鱼、香菜鱼皮、特色鱼片、鱼云竹荪煲、香炸鱼球、脆皮鱼尾、双色鱼球、三丝敲鱼卷、鱼米之乡、蒜子鱼泡，还有点心幽香鱼片粥等等。这些鱼菜的做法用上了烹饪技法上的十八般武艺，使来宾大开眼界，

大饱眼福。

新味，细细体会潮流意境

和新装山外山相配的，也有全新的菜肴。

开化何田清水鱼，常年生长在 4℃ 左右的流动山泉中，生长周期超过一般鱼一倍以上。绿色天然的生长环境，使开化清水鱼长成肉质紧、脂肪低，口感堪比挪威的深海三文鱼。"鸿运鱼生"用开化当地泉水浸泡清水鱼，再用西柚汁、柠檬汁腌渍后，就可做成生鱼片。好水养好鱼，吃到后面，有自然的甘甜味，清口甘洌。从湖北宜昌远道而来的长江肥鱼肥美坚结，鲜而油润，吃起来兼有甲鱼裙边和野生河鳗、江鳗的滋味。还有一道鲍鱼鸡。鸡是可以飞上竹林的安吉土鸡，在煨的过程中吸收了鲍鱼的精华和鲜味。鸡肉爽滑有嚼头，鲍鱼柔滑兼鸡香渗透，汤汁浓郁得令人齿颊留香。

天气好的时候，二楼露台的户外餐位最受欢迎。一边沐浴着秋日懒懒的阳光，吹着和煦清爽的秋风，碧波山色似乎伸手可及。美食美景，气度逍遥，此番静美泱泱大气，正是百年老字号才有的气度。

【山外山菜馆】

玉泉路 8 号植物园北门内。

胡亮，一块牛肉荣膺食神

《钱江晚报》美食专栏编辑 罗 颖

　　大凡饕餮之徒，对香港电影《食神》、《满汉全席》大多耳熟能详，个别发烧友甚至能倒背如流，尤其是里面那些"大厨"令人眼花缭乱的菜式及烧菜手法，令人叹为观止。

　　现实生活中，杭州也有"食神"，那就是香樟系列酒店的掌门人胡亮。

食神的由来

　　胡亮一脸弥勒佛相加上独特发型，让人过目不忘。递上名片，抬头就是以他的漫画头像注册的"食神"商标。不过，胡亮这"食神"称号可不是自封的，是从

香港举办的"两岸三地食神争霸赛"中，堂堂正正赢回来的。

当时周星驰的电影《食神》早已红得发紫，凤凰卫视借此契机邀请京沪杭港台等两岸三地名厨前往参赛。经过小组层层筛选，胡亮最终在决赛中与一台湾高手相遇，比赛内容是"一料五烧"，只是比赛前参赛双方都不知道究竟是何种原料。

比赛开始后，八宝箱抬上，主持人揭开红布盖，宣布今天比赛的原料是牛肉。在40分钟内以此做一道指定菜，四道创意菜，以决定"食神"归属。原料好坏与否很重要，当然要"先下手为强"。偏偏不走运，上台跟跄了一下，好的牛肉都被台湾厨师抢得差不多了。但胡亮依旧笑容满脸，反赚到不少人气指数。

比赛进行，胡亮微瞑眼睛，大脑却是飞速运转，五道菜便有了大概。因为是代表杭州出征，因此，南瓜刻出"三潭印月"，萝卜雕成"宝石流霞"，琼脂冻成的西湖水波澜可鉴，芦笋编成竹筏，牙签撑起了白帆，上面便是用芝麻和腌透的牛肉相拌炸出的牛柳，色香味形俱全——第一道"西湖新十景"完成了。见评委中有个女评委，胡亮脑筋一转，烧了第二道菜——"爱

情故事"，这是道以巧见长的水果菜，菠萝和牛里脊小炒而成，口感酸酸甜甜，就像"爱情的味道"。

最后一道"陈皮牛肉丝"是指定菜，更是道功夫菜。首先考验刀功，要求切出的牛肉丝精细长短相同，每根都有十几厘米。而下锅炒时还不能借助上浆，因为上浆容易炒得比较嫩，这完全要靠真本事，掌握火候，从头到尾用小火煸炒，直到金黄娇嫩。

比赛中，台湾大厨一脸严肃如临大敌，胡亮却显得轻松多了，时不时还向台下观众、评委招招手，自然人气指数飙升。比赛越接近尾声，胡亮心中越自信满满，当评委们个个吃得笑容满面的时候，他知道，赢定了。果真，"食神"金牌如期落在了他的脖子上。

食神的绝活

在大兜路口，静静矗立着一座古色古香的老式建筑，古楼边是由书法大师启功手书"香樟银湖墅"的大石块，进门是《银河古韵》的金色壁画。

踏着老式青石板路，来到阳光花园餐区，老式大院，石井、绿树，藤桌藤椅，空气中透着清新惬意。穿过古色古香的老木回廊，就是包厢区，香樟银湖墅楼上楼下一共13个大小不一的包间，都是古色古香的黄杨木沙发椅配上金色锦绣靠垫，枣红色八仙椅，红木雕花大圆桌，墙上是古运河风土人情的金色壁画，老木雕花窗栏搭配古色古香的牡丹屏风，就像是老底子运河边的江南大户人家。

穿过阳光天井，就是点菜区，活鸡和鱼虾被展示在生鲜区，一边是点菜区，另一区是明炉，炉子上正炖着一锅锅香樟的传统特色菜——神仙鸡。

　　外婆神仙鸡选用两年左右的高山放养鸡，置铁锅内，下垫食盐，隔火焖制 5 个小时而成，香溢淋漓、口感酥嫩，令人食指大动，香气扑鼻，鸡肉很嫩，不粘牙，非常入味。

　　而至尊鱼头皇还是香港影星曾志伟的最爱呢，它选用千岛湖有机鱼头，烹制出乳白色浓汤鱼头，早在 2001 年就获得了食神争霸赛的金牌，可谓是千岛湖有机鱼头的领军品牌，被公认为鱼头"至尊"，不可不尝。

　　文火小牛肉，用的是新西兰牛肉，浇上店家自己调制的、由 6 种调料秘制的调汁，小火慢炖 3 小时，牛肉酥嫩入味；在大闸蟹尝鲜的时候，母蟹黄鲜而不腻，是做蟹粉豆腐的最佳时节，至尊蟹粉豆腐在蟹粉豆腐里加入了手剥新鲜虾仁，更加将蟹黄的鲜味吊出来了；酒酿鲥鱼，当年是香樟雅苑最早推出的一道私房名菜，酒酿大鲫鱼是那道招牌菜的改良版，将千岛湖野生大鲫鱼，用酒酿、15 年的陈酿花雕、金华火腿、香菇、姜片一起蒸，新鲜出炉，这个时候一定要趁热吃，鱼肉又鲜又嫩，带着些酒香味。

　　【食神的店】

　　香樟银湖墅酒店位于大兜路 268 号，香樟雅苑品味餐厅位于屏风街 25 号。

老头儿油爆虾　老杭州的味道

《钱江晚报》美食专栏编辑　罗　颖

　　杭州大型餐馆的老板多出身草根，他们从小做起，一步一个脚印，创造了不菲的财富，也书写了一段传奇。杭州"老头儿油爆虾"从一家街头小店做到今天几乎无人不晓，餐餐排队，它的成功就带有浓浓的传奇色彩，让人津津乐道。

　　老头儿就是老头儿油爆虾老板，今年整 60 岁了，现在已退居二线，餐馆主要由他子侄辈打理，但他的故事不能不提。

　　老头儿绰号"胖子"、"大头"，有的就干脆称呼他"油爆虾"，只有圈内人知道他的大名：朱荣富。

1971 年，老头儿初中毕业。那一年，联合国第 26 届大会恢复中华人民共和国在联合国一切合法权利，中国人民欢欣鼓舞。老头儿一高兴，扔了书包，就去了"天外天"学厨。

建于 1910 年杭州天外天菜馆坐落在灵隐寺飞来峰下，俯览杭州西湖，朝闻古刹钟声，夜伴潺潺流水，周围古树参天，四季鸟语花香，是国内外游客歇足进食的最佳去处。菜馆云集了一大批特级厨师和点心师，"龙井虾仁"就发源于此，桂花鲜栗羹、鸡翅彩卷、蟹兜海参、双雀迎等菜肴脍炙人口。

老头儿在天外天整整待了 6 年。大师傅太多啦，老头儿是小字辈，不显山不露水的，好在心无旁骛，一心向学，打下了扎实的杭帮菜功底。老头儿饭店的招牌菜油爆虾、卤鸭、白斩鸡、干炸带鱼、素烧鹅……大多也是老牌杭帮菜的代表，也是当时杭城几大名菜馆的常见菜。

1976 年，老头儿不做厨师，却去当一名钳工，就是为了讨媳妇。因为当时厨师的地位太低，姑娘们不愿意嫁。

到 1988 年，老头儿才做回老本行，自己开店，在佑圣观路 3 号的老式墙院房的一个小单间，开了一间"海麦餐馆"。餐馆门面很破旧，里面更是很小很简陋。老头儿自己采购掌勺做菜，做所有的活。一开始，一天只卖四五斤面，菜更少了。开始卖油爆虾，一天也卖不出两三斤，日子过得很艰难。但是在天外天练出的好手艺，不是花拳绣腿。时间没过多久，老头儿的菜好吃就传遍杭州城，吃货们蜂拥而至。生意太好啦，老头儿陆续开出梅花碑店和姚园寺巷店，店的名字就叫

"老头儿油爆虾"。

老头儿有四道菜——油爆虾、带鱼、卤鸭、红烧臭豆腐堪称经典，被称为"四大金刚"。老客一上门，总是一声喊："'四大金刚'，各来一只！"

油爆虾出品很排档，乍一看不起眼，一尝之下却惊呼美味，虾壳脆脆酥酥的，虾肉饱满鲜嫩弹牙，透着丝丝甜香，油似乎只附在外壳，没有油腻感；带着漂亮围裙的油炸带鱼，满满一大盘放在你的面前，金光灿灿的。最边上一排骨头可以直接嚼烂，而咬开以后，雪白雪白的鱼肉厚厚实实，满口溢香，不带一丁点杂味；卤鸭，地道的杭州风味，还有半个鸭头，入口香、甜、淡，鸭肉酥而不散，肥瘦相间，味道刚刚好；红烧臭豆腐，外酥内嫩，闻着臭，吃着香，吃了绝对忘不了，正所谓"一日三块臭豆腐，三日不知肉滋味"。

老头儿的菜名声在外，老头儿的"拐"（杭州话牛的意思）也是出了名的。

说到"拐"。老头儿自有看法："其实我不拐。他们说我拐，一是我经常要劝酒，不是劝你多喝，是劝你适量少喝。你要酗酒，对不起，我不给你喝！"老头第二点"拐"的是，不让你多点菜。"两个人够了，就这样，别点了！"老头儿说，这是劝大家不要浪费，"钞票不好赚呀。"

名气大了，自然经常有人开着名车赶来吃饭，但老头儿依旧很"拐"。有人曾

看见两辆宝马车的车主，也许是自我感觉比较好，也许是真的饿了，到了店里不按规矩排队，径自抢了个座位。

老头儿对他们说："你不排队，我坐着也不会做菜给你的。"

两位车主很尴尬。老头儿说，这是原则。所有顾客一视同仁，哪怕你一个人排队轮到一张大圆桌，也照样让你上。

老头儿的店越开越多，越开越大，接班的这批少壮派同样很牛，他们吹响了"科技兴店"的号角。如今，每家新店都有宽敞明亮的大厅，典雅舒适的包厢，设施先进的中央厨房，还有引领时尚的高科技点菜系统和叫号系统。管理团队中负责菜肴品质的行政总厨来自五星级大酒店，菜肴从配方到流程一切都拆分量化，标准统一，味道相同。除了老味道，餐厅还增加了港台美食、川菜粤菜等，让食客可以有更多的选择。

实惠，美味，老头儿油爆虾，老杭州的味道！

醉白楼 在美景和美食之间沉醉

《钱江晚报》经济新闻部记者 王曦煜

　　白居易还没有被贬到江州去做司马，他的青衫依然磊落的时候，工作之余，整天就和一圈朋友在西湖边喝酒，最常去的地方，叫做"醉白楼"。千年而后，在今天西湖边的茅家埠，有一座粉墙黛瓦、飞檐翘角、古色古香的建筑悄然隐于龙井路旁，上书三个大字"醉白楼"，就是按唐时风格重修的酒楼。此地距西湖数步之遥，在美景与美食之间，让你目光流连、食指大动……

一道西湖美景做的开胃菜

　　史料记载，白居易任杭州刺史时，喜欢品酒游湖。当时有闲士赵羽，在茅家埠西湖岸边建了一座酒楼，白居易常常在那里畅饮美酒，饱览西湖，并亲自为其

取名"醉白"。

想来当年的白市长定然在其间流连了不少时光。如今的"醉白楼",设计甚为讲究,分为醉白楼、醉吟馆、乐天阁三幢,规模宏大。每个楼体中卡座、大厅、包厢各有穿插,安排得有条有理,虽然古典,但是追求回归的素雅又很让人亲近。

卡座一律设在靠窗的位置,因为建筑的中心有一个四方的水池,透过落地玻璃窗看见的是流水一路的欢快,是久违的清新,而且特意选择的琵琶形的沙发别致而且很温馨。包厢里漂亮的蓝色水晶灯,淡淡的光影折射在墙上,金黄的大团花纹地毯在这种光影中散发出柔和的晕。

值得一提的是,唐时的古典和怀旧的色调融合在一起,尤其是那暗沉暗沉却又晶亮晶亮的黑色大理石地面,映得人影恍惚,一时间仿佛时光轮回,回到了上世纪三四十年代,以至于有女食客笑称自己应该"穿一身《花样年华》里的旗袍","缓缓地举箸,浅浅地一颦一笑"……

那么,就在张爱玲笔下的白玫瑰还没有变成嘴角残留的饭粒之前,找一个靠窗的位置坐下,欣赏过墙上的别致书画,往外望去,则是烟波浩渺的西湖,一片青翠欲滴的群山,静静地掩映在如诗如画的薄雾中。还有什么,比这样的一道美景做的开胃菜更让人心生期待呢?

君子翅和红汤甲鱼

就像唐时气度恢弘一样，"醉白楼"的菜式品流非常多，有顶级的谭家官府菜、精美考究的粤菜、麻辣香鲜的川菜，当然也少不了淡雅清远的新老杭帮菜。其特色菜"君子翅"、"红汤甲鱼"、"茅家红烧肉"等无不让人胃口大开。

"醉白楼"名菜"君子翅"的灵感，来自北京著名谭家官府菜的著名招牌——"黄焖鱼翅"。谭家菜（官府菜）是清末官僚谭宗浚的家传筵席，因其是同治十三年的榜眼，又称"榜眼菜"。此菜系迄今已有近百年的历史，有"食界无口不夸谭"的美称。要征服一个男人，首先要征服他的胃。谭宗浚的夫人看来深谙此道，她从京城本地名厨中学到许多特长绝招，终于用100多道谭家菜把榜眼丈夫摆平了。

"醉白楼"的"君子翅"，以名贵滋补药材藏红花及农家百天母鸡，老鸭汤泡制而成。材料为金钩翅100克，秘制龙虾膏50克。其色呈现藏红花自然透明的金黄色，在醇鲜的上汤香味中，有着幽雅的一丝药香，是食补之佳作，补益肾气，养血美颜，实为鱼翅中的上上品。

　　此前，醉白楼曾请来香港的食神戴龙先生亲自为粤菜粤点挥刀操勺。他把香港避风塘、广东椒盐和东南亚的香料和各地的烹饪手法融合起来，一时间，"食神捞起鱼翅"、"鹅肝酱爆虾丸"等粤菜让不少食客叹为观止。

　　说起这里的杭帮菜，不能不提到看家的"红汤甲鱼"和"茅家红烧肉"。几道清香的蔬菜一过，正菜"红汤甲鱼"就上桌了。远远就有一股诱人的香味传来。待到眼前，红色的浓稠汤汁之中，香滑的甲鱼肉在姜丝的映衬之下格外引人食欲。夹起一块，咬上一口，入味的汤汁伴着火候刚好的甲鱼肉一起入喉，滋味醇厚，更别提那野生甲鱼厚厚的、有如膏脂般的裙边了。

　　至于"茅家红烧肉"，一上来，你就能从这道菜的颜色看出味道的好坏。红烧肉的玄机全在于糖色的控制，在酱油和糖的配比中调出最佳的色泽和口感。酥而不烂的红烧肉配上粗粮做的夹馍，几乎代替了最后的主食，让人吮指。

　　"红袖织绫夸柿蒂，青旗沽酒趁年华"，在间株杨柳间株桃的白堤，湖水烟波，垂柳轻舞。走进"醉白楼"，在诗人笔墨诗酒的余韵外，在浓淡相宜的美食间，就这样，沉醉在这江南的味道之中。

　　【醉白楼】

　　茅家埠龙井路69号。

藏鲜工坊海鲜　新鲜是王道

《钱江晚报》文艺部记者　屠晨昕

藏鲜工坊庆春店位于新塘路 33 号，门面不大，从乐购超市北门坐电梯上到四楼，突然间豁然开朗，一个舒适明亮的海鲜大酒店就在近前，颇让人震撼。

走出电梯，就到了点菜大厅，大厅中间那个面积达 200 平方米的杭城最大的海鲜池里，诸多海中奇珍吸引着人们的好奇目光。阿拉斯加帝王蟹、日本网鲍、澳洲大鲍、南美龙虾、夏威夷贝壳、印尼老鼠斑、马来东星斑等等应有尽有。再仔细一看，每斤 488 元的澳洲龙虾、每只 58 元的大连刺海参、

每斤 598 元的东星斑……这些高档海鲜，价格普遍比别处实惠 10%～20% 左右。据操着广东话的海鲜管理人员介绍，池子里共饲养有 150 多种鲜活海鲜，一天下来就会卖掉 70%，海鲜每天都有新货。两天后，池里的海鲜势必已是另一拨"人马"了。

南边是待客大厅，同样气派。触手可及的是精心雕刻的汉白玉围栏，脚下踩着典雅庄重的地毯，头顶上挂着十六盏华丽的七十二头水晶灯，坐在高贵凝重的实木圆桌边。在这巨大堂皇的大厅里，高高筑起的宴会平台之间的通道，穿梭着以优雅姿态端送着大餐的侍者们……

牛店必有牛气的老板。藏鲜工坊的缔造者蒋国林堪称杭州海鲜界的大哥大。20 多年前他就掌控了杭州诸多五星级酒店和大型海鲜餐厅的海鲜池——设计制作过 80 多个大型海鲜池，每天为他们配送自己经销的数百种海鲜。

2009 年，蒋国林与朋友合伙开了这家"藏鲜工坊"，当时正值金融危机，很多朋友不免为他们捏把汗。但他们最终不为所动。结果在一片怀疑的目光中，"藏鲜工坊"像一匹黑马杀了出来，成为餐饮市场的一面响当当旗帜。

说到当时的决断，蒋国林说是理想使然。在长期的海鲜经营活动中，他不但积累了大量的餐饮界人脉，而且练就了一双火眼金睛，什么海鲜好，什么海鲜不好，一眼就能做出判断。他一直怀揣一个梦想，那就是有一天按照自己的设想，

在杭州城里开一家名副其实的"海鲜餐馆",空间足够大,产品足够丰富,味道足够地道。

吃海鲜,很多时候就是吃那个"鲜"字。对于挑剔的食客来说,原汁原味的白煮是最佳的食用方式,而这个时候,比拼的就是那个"鲜"字了,即食材的新鲜程度。蒋国林的渠道优势体现出它淋漓尽致的价值来。

现在出海捕鱼的大多为上百吨的大渔船,一出去就是半个月、一个月。即便这些船都配备有非常好的冷冻设施,但无论如何,等到他们返航带回海鲜,也都是搁了段时间了。"藏鲜工坊"的海鲜来源则完全不同,"像舟山来的那些小海鲜,我们都是找小渔民收购的。"找小渔民收购有什么好处呢?蒋国林对此作了解释,"小渔民一般是在晚饭后出海捕鱼的,凌晨时回来,因此,我们就安排我们舟山的员工,每天凌晨三点多,去各个码头收购这些渔民捕捞来的海鲜,即便没碰到人,他们也会主动给我们的员工打电话。"因此,从某种意义上说,小渔民的海鲜才是最新鲜的。直接从渔民处收购海鲜,还有个显而易见的好处,就是减少了大量的中间环节,"一般来说,海鲜从渔民那里流转到餐馆,会经历三到四个环节,我们这样采购,几乎是一站式服务,大大压缩了原材料的成本,因此在卖价上比别人低上很多。"

说到海鲜,藏鲜工坊庆春店总经理马文燕建议,每年一月份到春节前后那短短一两个月中,就是到了该吃舟山红膏梭子蟹的时候,因为最为肥美多汁。梭子蟹与舟山红膏梭子蟹,虽然名字相仿,听上去像是堂兄弟的模样,但其实差之毫厘,谬以千里。梭子蟹大多是养殖的小仔蟹,产

地多，产量大，个头通常在半斤左右；而这舟山红膏梭子蟹则是来自舟山海域的野生蟹，产量小，个头在一斤左右。舟山红膏梭子蟹是有价但稀缺的抢手货。凭着藏鲜工坊在海鲜界的江湖地位，如今，每天到达庆春分店的舟山红膏梭子蟹也仅在 100 公斤左右，且大多在晚上 8 点左右就售罄了。

这舟山红膏梭子蟹，可以用上好的花雕酒来蒸，或荷叶笼仔干蒸，又或者用葱油、姜葱来炒，厨师长更想到用各种蔬菜汁熬成一种口味独特的 XO 汁来蒸它。一种海鲜可以用 5 种烹饪手法来演绎，已足够令人雀跃，厨师长最近竟又研发出一种新做法——粉丝熬蟹——加入秘制高汤和舟山红膏梭子蟹一同用小火炖煮半小时，最后再加入特级粉丝熬上一阵子，只见那粉丝吸饱了蟹的味道，居然可达到如鱼翅般的鲜美效果。

马总还推荐了鳓鱼。江南人爱鲥鱼，海边人爱鳓鱼。因为在他们看来，鲥鱼不可得时，鳓鱼的滋味最酷似。

鲜鳓鱼较为考究的清蒸方法是，取斤把重的新鲜鳓鱼一尾，去除内脏洗净后，圆圆的鳞片不要刮去，鳓鱼鱼鳞最鲜，洗净外部，置于碟内，洒上黄酒、盐和姜丝，在沸水锅中蒸 15 分钟。时间不可太久，否则鱼肉过老。蒸过后去除葱、姜、花椒，滗出原汤于勺中，再加些清汤，调好味，烧开后重新浇在鱼身上即可趁热上桌，蒸出来的鱼肉又嫩又香。还有雪菜汁清蒸鲜鳓鱼，以新鲜的咸菜汁卤代盐，别有一番风味。

【藏鲜工坊】

庆春店位于新塘路 33 号，莲花街店位于莲花街 333 号，宴会厅位于沈半路456 号。

楼外楼画舫论古今

《浙江日报》原副总编辑　傅通先

　　5月的西湖，柳条渐浓，繁花似锦，波平水暖，气候宜人，最是追春好时光。一行三五知己，应楼外楼菜馆总经理沈关忠、副总经理张渭林的邀请，登上他们的水上餐厅"环碧号"聚会。

　　"环碧号"画舫飞檐翘角，雕狮镂龙。厅内更是装饰华美：一道东阳木雕屏风，刻着栩栩如生的花卉飞禽；一张仿乾隆时代的龙椅，庄重精美，金光灿烂；盏盏粉红色的宫灯与幅幅金黄色窗帘相衬相映，透出一股浓重的皇家气息。

关忠说："难得今日有空闲，请你们几位老朋友来聚聚，品尝几道名菜，看看西湖夜色。"

平日，宽敞的舱厅内可设三张大圆桌，今天只在居中摆了一桌。大家不分宾主，随意落座。渭林笑道："先请喝杯茶。这是虎跑泉水冲的龙井新茶。"

我们知道，楼外楼早已接管虎跑矿泉水厂。虎跑泉冲龙井茶，是闻名遐迩的"双绝"，凡是登楼用餐的人都可畅快享用。

谈笑间，暮色渐渐降临。"环碧号"与相连接的制膳船一起向湖心游弋。

关忠一使眼色，服务小姐当即会意：上菜。

最先端上的是楼外楼第一名菜"西湖醋鱼"。但见腰形大盘内，两爿草鱼向背而卧，胸鳍翘起，双目突出，势如猛虎下山。芡料盖处，白里透红，色泽鲜亮。一筷入口，鲜嫩犹如蟹肉。此菜经历代名厨研习改良，已总结出一套独特的烹制方法：选500多克重的"童子草鱼"饿养两三日，让它吐尽土味。活杀剖成两爿，入专用开水锅煮三四分钟，随即上盘浇以佐料，使其色、香、味、形、质俱佳，

龙井虾仁

肉质清甜鲜嫩，食者大快朵颐。远在南宋，这道菜即"人所共趋"。时至今日，更是食之者众。记得梁实秋曾著文说："七十年前侍先君游杭，在楼外楼尝到醋熘鱼，惊叹其鲜美，嗣后每过西湖辄登楼一膏馋吻。"今晚，在两位总经理兼特级厨师的监制下，更是选料严格，刀工细巧，火候恰到，烹制精心，也就更让人大饱口福了。

第二道"龙井虾仁"，也是杭州名菜。用活河虾剥出的虾仁弯曲透明，晶莹如玉，七八个龙井茶的嫩头散落其间，宛如翡翠拌玉钩，色泽亮丽，大吊胃口。

第三道乃创新菜"元鱼煨鸽"，是移用杭州煨鸡的制法，将一只甲鱼和一只鸽子加入佐料，用荷叶包裹，涂上黄泥，在炉中煨烤三四个小时，使其触筷即烂，香酥味浓，食之香气扑鼻，沁人心脾。

接下来，有状如梅花、色彩艳丽的"五子登科"，有鹤飞花开为饰的"蒜泥溜鳝卷"，有腴美柔滑、形如黑月季簇拥的"鹿筋万字肉"，有制作精巧的各式点心，让我们再一次领略到了别具一格的楼外楼美味佳肴。

席间，挚友们围绕楼外楼的历史变迁，趣闻逸事，班荆道故，谈古论今。或追忆往事，或憧憬未来，或三两警句，或慷慨陈词。戏谑处舌无留言，兴起时滔滔不绝。

楼外楼作为一家具有150多年历史的老店，不但地理位置得天独厚——坐落孤山南麓，依山临湖，东有图书馆、博物馆，西有西泠印社、俞楼，富有浓郁的文化氛围，而且高手咸集，名厨迭出，一直是全浙最为著名的菜馆。其菜肴以鲜、活、嫩闻名于东南，以品种多达数百种而为世人称道。近几年，又烹制出200多种创新菜待客，故而食客如云，每年有六七十万宾客慕名而至。

100多年来，包括俞樾、吴昌硕、孙中山、章太炎、郁达夫、梅兰芳在内的无数名流贤达次第光临。得意者，有如徐志摩："一边喝着热酒，一边与老堂倌随便讲讲湖上风光，鱼虾行市，也自有一种说不出的愉快。"失意者，莫若蒋介石：1949年1月21日，节节败退的蒋介石引退来杭，在这里用"最后的晚餐"。《蒋介石年谱》称："下午4时10分，由陈诚、陈仪、汤恩伯、蒋经国、俞济时陪同，乘'美龄'号专机飞离南京，5时25分抵达杭州。浙江省政府主席陈仪在楼外楼设宴招待。因心绪十分悲哀，食不下咽。"流芳者，要数周恩来：1957～1973年间，周总理曾九次登临楼外楼宴请友好国家的首脑和招待身边工作人员，他在此留下许多平易近人、廉洁奉公、体恤人民的感人往事，至今传为美谈。特别是1957年春宴请印度尼西亚客人那次，席间突然听见总理嘴里"咔嚓"一声，众人大吃一惊，总理安详地说："没事，一粒小砂子。"可检验的结果却是一小块碎牙，负责接待工作的姜松林师傅正巧有一颗镶牙崩掉一小块。难道是自己的碎牙落入菜肴中了？姜师傅深感事情严重，忐忑不安。周总理登上回京的飞机，才听到秘书汇报此事。他略一思索，伸指摸了摸自己的牙齿，发现有颗镶牙缺了一块，立即交代秘书在飞机上给杭州发了一份电报。回到北京，总理仍不放心，又叫秘书发出第二份电报，要浙江省公安厅派人慰问姜师傅。不久，总理因公再次来杭，特地到楼外楼向姜师傅道歉，并自己掏钱请姜师傅吃了一顿"赔礼"晚餐。

古往今来，有哪一位宰相能如此礼贤下士，惦记和关怀一位普通职工？这件事已听人说过多次，每次都感动不已。

大家一边开怀畅饮，一边津津乐道，不知不觉间"环碧号"已行至西湖喷泉处。与姚振发、应舍法诸君一起步出舱外，站在甲板上观赏，只见几十个喷头交相喷涌，近百米高的水柱直冲云霄，在灯光的照射下飞虹播雾。岸边，千百支灯光装点出一排排火树银花；远处，数十幢高楼在轮廓灯的映照下露出倩影。西湖精神焕发，西子不再寂寞。对此良辰美景，一个个都心醉神迷起来。

娱乐殿堂篇

唛歌时尚 KTV
潮人 K 歌聚集地

《钱江晚报》文艺部记者　屠晨昕

　　"第一次去唛歌，很惊艳，竟然会看到墙上的豹纹图案，小小的拱形很别致。唛歌果然是一间包厢一个风格，还有为情侣特制的主题包厢，很花心思。难怪，有人扬言要坐遍他家每个包厢。"

娱乐殿堂篇

西湖边最耀眼的唛歌时尚 KTV 武林店，给 90 后潮人"玫也安静"留下了深刻印象。对于唛歌，她最大的感觉有三点——

"第一，刚进大门，服务员就迎上来打招呼，坐下来后送茶水，还有电脑能快速上网；第二，小包的麦克风也是无线的，音质效果震撼，歌曲种类多，触屏方便；第三，自助餐超棒，甜品一口气吃了好多，寿司还是现场做的，牛排也 OK。特别是爆米花好好吃，我讨厌微波炉爆的味道怪怪的那种，唛歌的爆米花很香很脆，又不会特别甜，好稀罕……"

这也许能够解释，为什么成立于 2008 年 12 月的唛歌，作为一个年轻的 KTV 品牌，连续两年被杭州市酒吧行业协会评为杭州最佳量贩 KTV，"时尚潮人聚集地"的理念在短短数年内深入人心。

"'唛歌时尚 KTV，潮人 K 歌聚集地'，这句广告语之所以深入人心，仅仅靠广告反复轰炸只有短期效应，而实实在在地将'潮'字渗透进每一个细节，才是唛歌的成功之道。"唛歌餐饮娱乐管理有限公司总经理任宇，这样对记者诠释道。

KTV 里的自助餐，在别的 KTV 也许是"唱歌时填个肚子"，在唛歌有可能变成"为美食去唱歌"。在唛歌，披萨档由来自五星级酒店的专业披萨厨师主理，制作出地道的萨米拉披萨、至尊什锦披萨、夏威夷火腿披萨等，煲仔档有烧腊、凤梨鸡肉等地道港式煲仔饭，铁板档的西冷牛排和精品牛仔骨堪比专业牛扒馆，当然少不了木瓜牛奶、蜜瓜凤梨、香蕉牛奶、西瓜汁等鲜榨果汁，各种法式甜品，各式砂锅更是数不胜数。

"杭州这座城市休闲得让外地人无法想象，下午四五点就要出来找地方吃饭，非典时期戴着口罩也要出来 K 歌。K 歌时要求还高，唱累了得有好吃的美食补充体力。"

据任总透露，为了满足杭州潮人的挑剔要求，唛歌庆春店还专门请来潮汕大厨，做了很适合冬季食用的粥品，很多客人一来就先点名要粥喝。而川菜师傅做的酸菜鱼，比饭店里的还好吃。"吃喝玩，在一个地方全解决了。"

"我们的音响，每天每家店都要进行精心护理，检查的频率特别高。音响师在来客人之前就试音是我们的标准流程。"任总说。

还有，唛歌举办的一次次潮流活

动，成为当季杭州潮流地图上最耀眼的焦点——S.H.E、Super junior-M、lollipop棒棒糖、BOBO 组合、"兄弟联"、胡歌、彭于晏等当红潮流歌手的歌友会及签售会，举行了 09 争锋亚洲超偶演唱会、年度潮人总决选、时尚唛歌——经典学友 K歌大奖赛、神"幂"宫廷派对、东方卫视中国达人秀海选等，还赞助举办了规模宏大的西湖音乐节。

优秀的管理团队，是唛歌持续走红的一大因素。团队成员包括了各领域的专业人才。"我们的管理团队，一条心、一股绳，在事务前期会进行预演，经常会激烈争吵，但到真正执行时，目标与行动就一致而高效了。"唛歌董事长严朝宗告诉记者。

唛歌的管理，充满了人性化、人情味。"我们讲究快乐文化，给员工以家庭式的关爱，员工就会有主人翁意识，会将这种家人般温情传递给客人，自发、主动、贴心

的服务，让客人倍感满意、舒心，形成良性循环。"

唛歌曾经有一位员工罹患癌症，他本人心灰意冷，辞职养病。但公司发起募捐，全体员工为他捐款 6 万多元，并且轮流照顾他，给予他亲人般的关怀。这样感人的事，在唛歌绝非孤例。

在量贩 KTV 界，唛歌始终以超前的经营理念而著称——炫潮娱乐生活 Cosplay Party、发型秀健身秀、唛歌潮人街舞大赛、唛歌潮人极限运动大赛、唛歌潮人音乐大赛……每一个活动在杭州都是潮流风向标，往往在别人还没想到的时候唛歌就已经做出来了。

而如今，在门店形态方面，唛歌再一次勇立潮头。

"过去，KTV 都讲究宏伟、宽敞、明亮，拥有自助餐和超市。"任总笑着透露，"而最新的唛歌店里，将出现个性化的私密空间——一个神秘的包厢，错层结构，上面一层是传统的 KTV 唱歌区域，而下层则是酒吧式的氛围，灯光幽暗、浪漫，有那么点暧昧。有高脚椅、有高台式的圆餐桌，客人可以在这里畅饮美酒，也可以玩骰子、打扑克。楼上楼下，各取所需，各得其所。"

想象一下，地面是拼花大理石，欧式装修风格华丽而尊贵，但是，墙面从水泥雕花突然转为普通红砖，从高大上一下子过渡到简约甚至简陋……这样的混搭

风，反差度极强，却足以让年轻而叛逆的时尚潮人倍感受用。

作为年轻潮人最爱的唛歌，5 年以来发展迅猛，如今已经开出 8 家门店，其中杭州 5 家店，上海 3 家店。还有几家新店如杭州西城店、下沙店也在开业筹备中。

"这两年我们重新调整升级，无论是装修、管理、服务、出品理念，继续创造潮的娱乐品牌。"任总说。

银乐迪全民 K 歌 12 年
装修升级价格依旧亲民

《钱江晚报》文艺部记者　屠晨昕

"下班 K 歌去？去银乐迪吧，晚上 8 点，不见不散！"
生活中，你是不是经常收到这样的邀请？

喊上三五同事好友，在银乐迪包厢连吼三个小时，让因为工作和生活"压力山大"而绷紧的神经松弛下来，换来一身轻松与惬意……在过去的 10 余年时间里，银乐迪唱 K，已经成了无数杭州年轻人生活中不可或缺的一部分。

如果说，在 20 世纪末，卡拉 OK 这一"改变亚洲夜晚"的娱乐方式，还基本上只能出现在舞厅里，成为少数叛逆的"时髦青年"的专享特权的话，本世纪初，平价实惠的同时又具有优质的环境与服务的量贩式 KTV，就完全改变了杭州人的业余消遣方式。

而银乐迪，正是杭州量贩式 KTV 的标杆。伴随着"2002 年的第一场雪"，2002 年 12 月，第一家银乐迪门店、也是杭州首家量贩式 KTV——杭州银泰百货店华丽绽放。从此以后，"爱上唱 K"的生活方式，在银乐迪包厢里，一个个草根"杭州好声音"脱颖而出。

　　凭借着优越的地理位置、健康实惠的娱乐方式、完善的配套服务，银乐迪在杭州树立了良好的品牌基础，赢来了出色的市场口碑。

　　没有夜总会的暧昧与过度奢侈，但不缺时尚、前卫的装修与随叫随到的服务；大中小包厢、迷你包厢俱备，各取所需；专属超市提供各类快速方便的美食，后来又提供自助餐，边 K 歌边喝酒吃饭，方便了许多……银乐迪缔造了这样的成熟的量贩模式，而随后出现的杭州一些其他量贩 KTV，自觉不自觉地成为银乐迪的模仿者。

　　2005 年，随着庆春路第二家门店的开业，银乐迪步入了连锁经营的品牌之路。截至目前，银乐迪已在上海、杭州、宁波、南京、重庆、苏州、合肥等城市开设直营门店约 30 家，其中杭州多达 13 家，上海也有 6 家。每到一座城市，银乐迪都会带来音乐文化娱乐的创新体验。根据《上海精致生活》权威发布，入驻上海仅半年，银乐迪就跃升上海最具人气 KTV 第二名。2013 年荣获 shanghai best

50——上海年度最佳KTV。

而就在2014年6月，银乐迪就有南京、合肥、宁波三家新店隆重开业；7月，银乐迪杭州水晶城店、上海四川北路店都已开始进场装修施工；8月初，杭州城东天虹百货店即将开幕；银乐迪还与华润置地与宜家等巨头合作，即将入驻合肥、无锡、温州万象城以及北京宜家……大有全国遍地开花之势。

在杭州庆春店、文一店，上海虹口店、普陀店、大宁店等热门门店，你时常能够看到人气爆棚、排队等包厢唱歌的盛况，年轻人在大厅打牌打发等待的无聊时间。这般超高人气，在银乐迪早已是见惯不怪得了。

作为杭州量贩式KTV的头号名片，多年来银乐迪荣誉证书等身——2004、2005年获杭州市政府颁发"重点企业"，2007年在钱江晚报"最佳品牌形象"评比中获"浙江省最佳健康娱乐企业"，2009年"银乐迪"品牌成为娱乐行业首家获颁"浙江省知名商号"，2010年获市行业协会颁发"年度最佳KTV"，2011年在浙江省文化厅主办的"文化浙商"评选中获得——"文化产业创新奖"，2013 年获省企业家协会颁发"浙江省优秀品牌"……

10 多年来，银乐迪始终坚持邀请众多大牌歌手艺人在门店开歌友会、签唱会——2004 年的黄立行、品冠；2006 年的游鸿明、徐若瑄；2007 年的何炅、曹格、王啸坤、吴建飞、温岚、张震岳、花儿乐队、尚雯婕、水木年华；2008 年的马天宇、林宥嘉、戚薇、袁成杰；2009 年的乔任梁、苏永康、F4、周笔畅、李玖哲、萧亚轩；2010 年的飞儿、蔡依林、汪东城；2011 年的潘玮柏、炎亚纶；2012 年的邓紫棋、中国好声音；2013 年的方大同、田馥甄……尖叫、欢笑、歌声，一幕幕的激情澎湃，在歌迷们内心里留下毕生难忘的记忆。

如今的银乐迪，创新理念也在不断进化、升级。参观了多家银乐迪的新店，装修的高档次高标准，设计风格的奢华、绚烂、前卫，让记者不禁感到目瞪口呆，因为这里的豪华劲一点都不输那些土豪们一掷千金的著名夜店，譬如上海大宁国际店，充满了英伦风格；宁波印象城的大厅就是一个威廉古堡，血管般的过道，紫红色的蜡烛，营造出秘境氛围；杭州天虹店，玩转了复古罗马风；而杭州水晶城店更拽，复式巴洛克风格把低调奢华演绎到极致。

但依旧不变的，是银乐迪亲民的价格。因为，这里的大门，永远向所有爱唱歌、爱音乐的人敞开。

吃喝玩乐一条龙
就来好乐迪壹号店

《钱江晚报》文艺部记者　屠晨昕

美女设计师付琳琳，刚刚从一场重感冒中恢复过来，就迎来了8月底自己的生日趴。这场派对是她的闺蜜们为她安排在好乐迪KTV壹号店。这让追求完美的处女座的她感到有些意外——量贩KTV里庆祝生日，除了许愿吹蜡烛切蛋糕，就只有K歌了吧？

当付琳琳走入包厢时，开灯的一刹那，伴随着"生日快乐"的齐呼，她惊呆了——整个包厢被彩带、气球、鲜花、灯光牌所包围，桌上摆放着琳琅满目的蛋糕、水果和香槟，还有小姐妹和男闺蜜们的温暖笑脸……感动到不行的付琳琳，在生日趴快结束时说，这是她过得最棒的一个生日。

其实，这场生日趴，挂在包厢里的气球、彩带等都是好乐迪的工作人员布置的，香槟酒是好乐迪赠送的，甚至蛋糕和鲜花也是好乐迪代订的。闺蜜们才提前一天预订，本来时间很仓促，结果，没花太大精力，就安排了一场满分的生日趴。

高贵氛围：软硬件堪比会所，吃喝玩乐一次搞定

位于庆春路与中河高架旁的嘉德广场，早在2004年起，这家好乐迪旗舰店便声名鹊起。2012年重新装修以后，更以高品质传遍麦霸圈。

听到付琳琳的生日惊喜后，记者抽空再访好乐迪壹号店，发现这里的服务又经过新一轮的升级换代，你可以在此开派对，可以在此聚餐，还可以在此喝下午茶……无论硬件抑或软件，这家KTV已经达到了会所的境界。吃喝玩乐，一次搞定。

走进大堂，头顶，错落有序的灯群，七彩斑斓的颜色反复变幻，让人恍如置身童话般的梦幻境界；脚下，高档大理石地板与台阶质感十足，弧形沙发散发着时尚的气息；装饰考究的服务台后的背景墙上，挂着五个潇洒的音乐符号标志；而在另一面墙上，萨克斯、小提琴、黑管、长笛等乐器，静静地展示着它们的优雅；而红墙衬映的吧台前，除了高脚凳与沙发，还放着中国象棋、五子棋；一边

的等待区，摆放着三台时下最潮的 i-Mac 电脑；另一边的精品区，iPad、iPhone、鼠标、饰品、玩具应有尽有，都可以用积分换回家。在卫生间里，吹风机、护手霜、小梳子、甚至卫生护垫都一应俱全。

品质细节：酒吧、复古麦、投影包厢一应俱全

从大厅到包厢，高品质在各处细节一以贯之。

在型男服务生的引导下，记者走进一间标准包。有弧度的桌子，沙发很舒服，屋内还有几个专门的高脚凳，玩骰子、打牌统统 OK……仿佛置身酒吧。

包厢前后的墙上都有屏幕，其中沙发背后嵌着两个液晶屏。一侧有个小小的舞台，上面竖着一根直直的话筒杆，杆顶上，是一个肥皂形的复古麦克风，如同置身于专业录音棚。

有面子，还要有里子——德国 DK 音响，不停地迸发出劲炫的音浪，与华丽的视觉氛围相得益彰。

同样的，浙江好乐迪其他门店也有他们独特的吸引人之处。在今年夏季，好乐迪包厢做出震撼升级，全新超 100 英寸包厢投影，超大银幕，演唱会式的感受，同样的价格，不一样的享受！相信这种创新会让大家眼前一亮。

无敌美食：高档原料，精心制作，价格却非常亲民

吃，是好乐迪的一大特色。翻开桌上放的菜单，发现主食、点心、饮料都很丰富，价格比那些流行的餐厅还实惠。

"我们的主厨是从台湾请过来的，他有不少拿手的招牌菜，比如卤肉饭、甜不辣、牛肉面、台式香肠、盐酥鸡、炸鸡排、花枝丸等，还有台式酸辣汤，和四川酸辣汤口味大不一样，一般只能从正宗的台北街头小吃店才吃得到。"身为

台湾人的王婕好总经理，对台湾小吃如数家珍。

"每天中午 12 点到 15 点，傍晚 5 点到 7 点，只要你在我们的包厢里点单吃饭，我们一概免包厢费。"因此，现在有不少年轻客人，进了包厢先不点歌，而是轻声开着原声 MV，优哉游哉地吃饭聊天。酒足饭饱，再 K 歌。

"在我们这里，不时会有三三两两的贵妇，来包厢里喝下午茶。"王婕好的这句话，倒是令记者十分意外。翻看茶饮单发现，在杭城量贩 KTV 里，这里是唯一一家提供玫瑰花茶的商家。

"我们店里台湾特调浓情奶茶，一概不用茶粉调制，每日现煮红茶；所有的果汁，一概不掺水。榨一杯苹果汁，要用 8 个新鲜苹果；我们有纯正的冰品和华夫饼……"王婕好强调，这里的冰淇淋性价比超级高，采用意大利进口原料，与哈根达斯的原料一样。但是价格却非常亲民，双球才 15 元。"因为我们觉得真正的优惠应该实实在在给到我们的客人。"

香蕉船、水果圣代，用料个个都很实在。圣代上的水果，都是现切的，超新鲜。

"如今，在大陆 14 个一二线城市，我们已经开了 53 家直营门店，浙江区内，杭州有四家，金华一家，在 2015 年还会再开三家。新颖、私密、创新，我相信，

只要你来到好乐迪，感受我们用心的服务，我们将会重新定义您心目中的'量贩式KTV'。"王婕好笑道。

【好乐迪杭州店】

壹号店位于庆春路118号嘉德广场3楼，国际花园店位于天目山路160号国际花园2楼，西湖银泰店位于延安路98号西湖银泰3楼，文一店位于文一路308号中竹大厦1-3楼。

金曲量贩 KTV
高品质聚会娱乐场所

《钱江晚报》文艺部记者　屠晨昕

　　"坐电梯到三楼，大厅挺宽敞的，前台验证速度很快。服务员把我们带到《网球王子》主题包厢，一个小伙伴超爱《网球王子》，她开心死了。音效简直就是震撼，隔音也好，完全听不到外面的声音，一按铃服务生就到……周末 29 块唱了 4 个小时，下次还会来这唱歌！"

　　网友"小辣椒"的这段点评，是送给金曲量贩 KTV 武林旗舰店的。其实，杭州的 K 歌爱好者都知道，在量贩 KTV 中，"金曲"一直以品质与服务出众、价格

却非常实惠而著称。性价比，是"金曲"在近乎惨烈的市场竞争中得以立足、发展、繁荣的法宝。

到过金曲 KTV 的客人，都会对这里的音响效果留下深刻印象。其实，"金曲"有着得天独厚的优势。

杭州金曲餐饮娱乐管理有限公司董事长施德胜先生是改革开放以来中国第一代音控师，旗下还拥有天姿国色和江滨一号两家高端娱乐会所。他创立的东创高科电气有限公司，专门销售世界上一流的音视频设备，在业内赫赫有名。2007 年开设第一家量贩 KTV 门店——天城店以来，东创经销的高档音响——丹麦诗韵便成为了 KTV 包厢的标配。金曲武林旗舰店还凭借超一流的软硬件设施，成为浙江电视台多个音乐节目比如"中国好声音"的定点演播大厅。一次，林俊杰在金曲试唱，惊呼："这里的音响设备这么好！"

施总说，"时尚是小众的创新大众的追随。一流的娱乐企业就应该引领时尚，创造流行。"

为了创造流行，金曲量贩 KTV 多次举办金曲 PK 大奖赛，选拔实力唱将，陈

楚生、柯以敏等现场助阵。还有张靓颖、林俊杰、黄家强、韩庚、大张伟、周笔畅等明星的歌友会和签售会，一次次引起轰动。

不过，"金曲"在消费者心目中树立起"高品质聚会场所"的良好品牌形象，还有更多的努力。

开业之初，金曲KTV推出"吃自助餐免包厢费"的活动充满豪气，令杭州的年轻人闻风而动——自助餐中的三文鱼刺身、鲷鱼刺身和北极甜虾是无限量供应，价格为周日至周四35元/人。

而亲和、细致、反应迅捷的前台与包厢服务，也为金曲KTV带来了许多回头客。

苦心孤诣的付出，必能获得丰厚的回报。2012年，在杭州市酒吧（KTV）行业协会推出的"2012杭州酒吧风尚节暨杭州十大特色酒吧（KTV）"评比活动中，金曲量贩KTV脱颖而出，获得"最佳风尚量贩KTV"殊荣。

目前，金曲量贩KTV拥有5家门店，最知名的武林旗舰店有1万平方米，4个楼层，150个包厢，总投资5000万元，其中四楼被打造成杭州第一家商务量贩KTV。

"当前政府厉行节俭，高档会所、夜总会生意惨淡。我们的商务量贩KTV，有高品质、会所式的硬件环境与服务，又不需要陪酒、陪唱歌的小姐。"

据施总介绍，武林旗舰店四楼走道宽

达 4 米，所有包厢都比其他 KTV 的同类包厢要大，每个包厢里都有独立的洗手间。《阿凡达》主题大厅，顶上的假山，似乎让人置身于潘多拉星球。而欧式新古典装修，雕花真皮沙发，复古立式麦克风，豪华酒吧式的炫彩灯光球，原装进口的液晶大屏彩电，高级的餐桌和麻将桌，一万多元的科勒全自动坐便器……更足以与私人会所媲美。

"要论量贩 KTV 的硬件，即使放在全国，我们不说是第一吧，也能稳进前三。"施总的这番话，充满了自信与豪迈。

更有特色的，是这里的私人定制服务。第一次来这里消费，你只要留下了姓名，以后就会有专人为你服务。在消费了一定金额以后，将会为你量身定制印有你姓名的杯子、骰子等专有物品。而每个包厢里，也会有专门负责点歌和服务的人员，就像私人管家，守在一边，随时准备为你送上贴心服务。

殊为难得的是，这里的消费是大众化的。300 平方米的超市，品种丰富，价格实惠，在此买红酒买一送一，啤酒更是买 24 瓶送 24 瓶，十分豪爽。

在寸土寸金的市中心还拥有大型的屋顶停车场——客人开车从凤起路十四中对面的温德姆豪庭酒店门口那条路开进去，左转向上就直达。停完车，便可直接坐电梯下到"金曲"大厅，引吭高歌，畅快无比。

对于金曲的未来，施总说得铿锵有力："企业发展可以慢一点，但一定要稳。我们的目标始终不变，那就是打造中国最具品质的量贩 KTV。"

去过 SOS CLUB
才知道什么叫杭州的夜

《钱江晚报》文艺部记者　屠晨昕

　　褪下白天的假面，一个城市的灵魂才渐渐浮现。去过杭州的玩客，没有人不知道杭州 SOS Club，"去过 SOS Club，才知道什么叫杭州的夜。"

　　是的，城市生活的精髓在于风情万种的夜生活。SOS Club——这个随时制造奇迹，弥漫着无尽神秘感的地方。在每一个午夜，人群鱼贯而入，空气里充溢着猎奇的味道。在这里，每个月可以卖出 8000 瓶芝华士，聚集着一众身份优越的香槟客，每天都在更新着"话题之作"。

　　毫无疑问，SOS Club 是中国乃至亚洲娱乐圈的首领级场所。从前身 2005 年的风暴 SOS，2010 年的 GAGA，到现在 SOS Club。已问鼎娱乐塔尖九周年，堪称中国夜店的头牌名片。

SOS CLUB 告诉你　最顶尖的潮是不逐流

　　"为了让爱自拍的 MM 有个美丽的背景。"SOS Club 豪掷一百多万打造了浪漫

的海景走廊，起因可以如此纯粹，无意间霸气侧漏，也许正是这种为博美人一笑去夺一座城的大气，才让 SOS Club 在淘汰率极高的夜店界一直稳坐江山。

第一次去的玩客往往都会被 SOS Club 近 2000 平方米的宏大场面所震撼，在这里，你能感受到巨星演唱会的标准：世界一流的音响设施，华丽绚彩的灯光布局，领先的 3D Mapping 环幕技术及科技感十足的全彩激光设备，这一切构造出一个众望所归的娱乐王国。有人喜欢社交，钟爱敞开式的 SOS 卡座；有人重视私密性，则选择设计独立的游艇级 Party Room；还有人热衷惬意的 EASY SPACE 区，喜欢在 Lounge 音乐的衬托下，将黄龙夜景尽收眼底。

从 2005 年到现在，早已摘得亚洲一线潮流夜店的金字招牌的杭州 SOS Club，争相效仿者无数，但作为一座城市的夜店风向标，SOS Club 向来大手笔，斥资数千万，不断升级再升级，给人以上天入地般的新鲜体验。它一直在告诉你：最顶尖的潮是不逐流。

一场场电子革命　有种音乐就叫 SOS

在酒吧，音乐永远是最好的"下酒菜"。在 SOS Club，你能听到当下最流行的舞曲或者是美国 Bill Board 排行榜以外的电子舞曲。SOS Club 音乐总监 Mr.Eric Chow 有着近 20 年的 DJ 经验，他说，"SOS Club 最大的音乐特色就是让你真实体验什么才是电子音乐，你可以了解到电子音乐的文化，你更可以真正感受到电子音乐的魅力。"

跟好友共同创立了电子音乐厂牌"Hi-Tec"的 Mr.Eric Chow 可以说是中国电子音乐殿堂级人物，曾与 Armin Van Buuren，Tiesto，Deadmau5，Paul Van Dky，

Above& Beyond 等国际大牌 DJ 同台飚技，和 GuiBoratto，Booka Shade 等国际著名电子音乐人合作举办大型千人电子音乐派对。但最让他感到无比荣耀无比美妙的事情还是在 SOS Club 的舞台上播放一首首他最喜爱的舞曲时，台下舞池里所有的客人都在大喊着他的名字。"我觉得这是给予 DJ 或者俱乐部的最高荣誉。"

无论是幻想全球舞池响当当的人物在 SOS Club 是怎样一种"狂轰滥炸"，又或者期待"全球首席 DJ"掀起专属 SOS Club 的"狂风暴雨"，都会让你心醉神迷。与其说 SOS Club 是杭州首家推出全新电子音乐的夜店，还不如说它是一个革命性的音乐科技馆。就像 Eric Chow 说的：SOS Club 肩负着新一代电音的变革使命。

鼻祖 SOS CLUB　巨星云集激情派对

很多人把酒吧比作伦敦的咖啡厅或是巴黎的沙龙，在杭州乃至全国，鼻祖式的 SOS Club，虽然不断被模仿复制，但未有得真传者。音乐家、文人、艺术家各色人等热爱此地，白领丽人、政客要员也爱此地。杭城当中，已经找寻不到如此大的一间夜店场所可以让 DJ 们全力施展电子音乐的魔力或是举办千人派对，让无数大牌 DJ 用迷幻又壮丽的潮流电子音乐掳获舞客们的心。黄晓明、伊能静、张雨绮、杜淳等明星慕名而来，曾让 SOS Club 管理人员措手不及，紧急调保安维持热烈局面，而传说中明星常去的包厢已然成了粉丝们心中的一个特殊符号。

SOS Club 的不可复制还在于它包罗万象，正是这种包容的文化才具备最强号召力。当别家还在为请哪一位 DJ 和明星劳心费神时，SOS Club 已经将世界百大 DJ 和潮流明星组成了一整年的串烧，黄宗泽、吴卓羲、何韵诗、萧正楠、唐禹哲、李冰冰、吴宗宪、张智霖、李灿森、黄立行、余文乐、吴建豪、曹格、快乐

家族、陈冠希等明星艺人及世界百大 DJ Armin Van Buuren、Tiesto、Sasha 等轮番上阵，精彩演出一场接着一场！

　　SOS Club 的夜如同一场永不落幕的派对，它代表着潮流，时尚，一种娱乐的态度，Party is my life！SOS Club 不断培养出最独特的夜店时尚人群，持续引领着全国的夜店娱乐文化，更坚持与国际电子音乐风潮接轨。不管你来自何方，杭州SOS Club 绝对是你不容错过的一个娱乐殿堂。

　　【SOS CLUB】

　　西湖区黄龙路5号黄龙恒励大厦。

夜夜销魂百乐门　重温海上旧梦

《钱江晚报》文艺部记者　屠晨昕

　　"月明星稀，灯光如练。何处寄足，高楼广寒。非敢作遨游之梦，吾爱此天上人间。"

　　1932年，这样一段诗词，忽然在上海滩传颂一时，字里行间流露出深切的迷醉与向往。而他们所向往的，就是1930年代的"远东第一乐府"——百乐门。

　　《玫瑰玫瑰我爱你》、《夜来香》、《夜上海》……在老式留声机、旗袍、红酒、爵士乐的包围中，周璇、胡蝶、李香兰等一代名伶玉唇轻启，低回浅唱。而在贵宾席上，张学良、胡适、徐志摩、黄金荣、戴笠等如云的名流，为她们忘情喝彩。

　　夜夜笙歌，魅力永驻，"百乐门"这三个字，承载了昔日上海滩的繁华记忆。

斗转星移、沧海桑田，如今的百乐门，唤醒了很多老上海沉睡了半个多世纪的海上旧梦。2009 年 11 月，当著名酒吧品牌"百乐门"遭遇生活品质之城杭州，碰撞产生的火花，顿时引爆都会酒吧一条街。

百乐门文化酒吧甫一横空出世，便以酒水价格最低、美女最多、气氛最好、营业时间最晚、老外最多这五项"之最"而脱颖而出，成为杭城诸多炫色夜场中的佼佼者与引领者。

凉爽的夏末之夜，记者走进杭州百乐门，便如同进入梦幻般的时空隧道，开始了一段恍若隔世的奇幻之旅，叫人乐不思蜀、欲罢不能——

在阶梯状霓虹闪亮的 DJ 台上，身材火辣、眼神迷离的女 DJ，摇摆着肢体，释放出动感十足的慢摇，配合着变幻莫测的灯效，令人肾上腺素狂飙。而在装潢考究的卡座之间穿梭，总有曼妙的性感身姿闪现，与你不期而遇的漂亮女孩，与你短暂凝视后，便秀出迷人的笑容，真是酒不醉人人自醉啊！

百乐门，曾经为杭州城最时尚的派对动物们，带来过一个个销魂的夜晚——

轩尼诗炫音之乐，新生代情歌天后丁当联袂欧洲舞曲组合 Aycan，呈现出融汇东西方迥然不同的音乐风格；韩国 Marron Cat 少女时代组合，在此掀起炫舞热浪；身兼中国胸模大赛和央视非常 6+1 双料冠军的名模兼歌手吕晶，诱惑现身百

乐门 VIP&NBC 之夜；《喜爱夜蒲2》女主角、香港嫩模曾宝玲，与您共享激情感官世界；"神秘伊甸园"之夜，为人们解密神秘王国；而每周三晚雷打不动的 Lady's Night 女士之夜，有免费的冰球马天尼，有人鱼线猛男助兴，更有疯狂的"湿身派对"……

　　而在 2014 年 7 月 30 日之夜，影视歌三栖巨星许志安空降杭州百乐门，于是，全场一起唱响那首《为什么你背着我爱别人》……曲终人未散之时，全场都疯了。这一夜，将永存于心！

【百乐门酒吧】

湖滨路46号西湖国贸中心2楼。

菲芘酒吧
最酷最炫最激情

《钱江晚报》文艺部记者　屠晨昕

　　"东南形胜，三吴都会，钱塘自古繁华……"

　　从家乡武夷山来到人间天堂杭州，北宋风流才子柳永 HOLD 不住，在《望海潮》留下了"乘醉听箫鼓，吟赏烟霞"的千古名句。

　　位于湖滨的古钱塘门，自打宋代，就是纸醉金迷的极乐之地。而当记者迈进湖滨路 46 号西湖国贸中心二楼的菲芘酒吧，扑面而来，是柳永笔下的"市列珠玑，户盈罗绮，竞豪奢"。

在古希腊神话中，菲芘是月光女神的名字。美丽壮观的夜空，是女神光彩照人的脸庞。她掌握着十二星座的神谕，向人间挥洒和平、幸福以及爱情。菲芘十二星座神柱，寓意着女神的庇护。

走进菲芘酒吧，过道的门廊散发出幽幽的蓝色光芒，而酒吧里是一根根华丽复古的巴洛克式柱梁，舞池中央高高隆起一排长条形舞台——在场所有人，只要你觉得 HIGH，你就上去尽情跳吧舞吧扭动吧！就像张惠妹所唱的——"我已经跳了三天三夜，我现在的心情喝汽水也会醉……Oh! 完全都不会疲倦，我还要再跳三天三夜，我现在的心情轻得好像可以飞……"

你身上的每一寸矜持与防备，会被这里的独特巧妙的设计与激情肆意的氛围所打败。在无数的夜晚里，来到这里的人，都卸下了白天那沉重的面具，展露出最真实的一面，并且，放纵它，燃烧它，直至激情爆棚。

作为国内首屈一指的高档时尚酒吧，菲芘酒吧诠释后现代化 Interlinkage 互动娱乐文化理念，以时尚、前卫的设计理念和富丽堂皇的豪华装修而独领风骚缔造了杭城娱乐界的一个神话。

菲芘酒吧，拥有国际顶级玛田系列灯光、音响、立面浮动梦幻领舞台、色彩斑斓的至尊 VIP 会所房，让客人尽享王者尊荣；而外籍首席 DJ 驻场，倾力打造

TOP 顶级电声音乐；活力四射、热情奔放的国内顶级舞蹈艺员 SHOWT、重金打造的全彩系列激光灯，五光十色，流光溢彩……

在菲芘酒吧，你可以跳最酷的 DSICO，听最酷的 MUSIC，看最酷的 SHOW……你能够最大限度地感受夜之激情。

【菲芘酒吧】

湖滨路 46 号西湖国贸中心 2 楼。

越夜越迷醉
埃菲尔演艺吧

《钱江晚报》文艺部记者　屠晨昕

　　从黄龙恒励宾馆出门向左，沿着黄龙体育场商铺绕圈走，走 100 米，相邻的两家演艺吧，一下子便能摄住你的眼球——精致繁复的巴洛克式复古门面，在一众走现代炫酷风的酒吧门面当中，显得尤为高大上，非常惹眼。

怀揣着好奇，步入其内，你会惊叹自己如同置身于 19 世纪欧洲宫殿之中——富丽堂皇如凡尔赛宫，而奢荣典雅又如白金汉宫，每一根梁柱，每一个镜面，每一张桌椅，每一块地板，造型都是那么优雅，做工都是那么考究……

这便是埃菲尔 3 号与 5 号皇家演艺吧。在黄龙商圈这个时尚夜生活中心，这里是璀璨耀眼的佼佼者，堪称有品位的潮人玩家聚集地。

2010 年 8 月，投资方砸下 500 多万元重金装修，宣告埃菲尔 3 号店耀眼面世。最为纯正的欧式奢华风格和氛围，吸引了众多不羁、尚酷的目光。据了解，在最巅峰，一个晚上可以收到 200 万元的花篮！

好戏还在后头。2012 年 6 月，耗资 800 万元打造的埃菲尔 5 号皇家演艺酒吧正式开业迎客。

每个夜晚，埃菲尔都会成为赏心悦目的理想去处。奢华的"欧洲宫殿"之内，百余位美女佳丽，个个拥有天使面孔与魔鬼身材，并有优雅的举止与不俗的气质。

开场时，身材高挑的模特们身着空姐服饰，贯穿游走于全场，袅袅婷婷地走过你的身边，就如同一道道移动的风景。之后，美女们会展露出她们"百变女郎"的魅惑一面——唯美系列、晚装系列，还有维多利亚性感内衣系列……一一华丽上演，随着变幻无穷的音乐，模特们将每个系列的风格特色，演绎得淋漓精致，欲罢不能。

就在今年 10 月，埃菲尔又进行了一轮全新的装修，全面升级软装、灯光、音响。华丽蜕变之后，埃菲尔把演艺的特色做到了极致，成为杭城演艺吧的绝对翘楚。

奢华绚丽的天花板下，打着交替的暖色调灯光，隐蔽的科技设备不定时地喷出白色的烟雾和晶莹剔透的泡泡，再加上水晶球，现场如梦如幻。帅气的乐手斜着身子，用小提琴拉出优雅的曲调。朦胧的白雾中，童话中的公主，施施然委婉现身。随着音乐的播放，缓缓上台，演绎一出美到让人屏息观瞧的芭蕾。

伴随着超大屏幕上的劲歌热舞或抒情雅乐，在低音炮的震撼声波的轰击下，多才多艺的魅力尤物们扭动蜂腰，尽情展示着她们迷人的身姿。或是热辣奔放，或是婉约低回，每一个韵脚，都能拨动台下客人的心弦。

埃菲尔的 T 台并不仅仅属于模特与舞者，兼具实力与美丽的歌手们，比如著名歌手 ANGELA，每日都

在舞台上展示亮丽歌喉。

零点剧场，是埃菲尔有别于其他酒吧的王牌保留节目。优秀的演员每晚都在这里演绎着不同类型的舞台剧，或风趣，或隽永，时尚、贴地气，总能让人乐不思蜀。

知名主持人高飞，是埃菲尔夜场秀舞台上的灵魂人物。这位浙江艺术展特邀表演嘉宾、2003年山西省青春选秀赛年度冠军与2005年杭州"龙之故乡"形象代言选秀最佳原创奖获得者，幽默的风格、灵活的应变能力与潮酷的外形，已经吸引了成群粉丝。

而键盘手阿辉、灯光师姜楠、舞编婷婷、DJ楼晨燕等主创人员，都是拿奖拿到手软的实力派高手。

埃菲尔还与新浪网合作"美女起跑线"选秀活动、与湖南卫视合作"芒果女郎"评选，在互联网和线下均引发了狂热回响。

Club Queen 皇后酒吧
点燃杭城极致夜生活

《钱江晚报》文艺部记者　屠晨昕

来自大洋彼岸的好莱坞科幻大片《变形金刚4》中炫酷的汽车人，充满异域风情的印第安性感、狂野的舞蹈……皇后酒吧正在上演精彩绝伦的表演——灯光随一层高过一层的电子音浪而极速变换，从光影聚焦的舞台，到 HIGH 到爆的台下，每个人都享受着一场奇妙的狂欢之旅。截然不同的表演节目极具创意的混搭在一起，如同开启了一条时空隧道，让人们在光影杯盏之间，不停地快乐穿越。

这是 7 月 20 日晚，记者在位于西子湖畔皇后酒吧的一次潜行之旅，这场"Transformers 至尊主题全球巡演派对"，让现场所有人的激情一路飙至穿顶。

见微知著，在一场接一场的时尚派对中，皇后酒吧犹如一个蕴藏着巨大能量

的万花筒，让你体验到即新鲜刺激又眼花缭乱的表演——强劲动感的魔幻音浪和最炫目的激光舞令人目不暇接；饶舌天团与国外顶尖 DJ 激情碰撞，挑战音乐极限；嘻哈天团与金发碧眼的性感女郎在舞台争相绽放，卓越的舞姿与现场爆发力让你心跳加速，彻底将激情点燃，尽情地狂嗨劲舞；现场涂鸦表达最新最前卫的艺术风采……

对年轻的诠释，对自由的向往，对时尚的热爱，都在同一块场地凝聚成无尽的激情。皇后酒吧，在最潮流的那群 Party Animals 的心目中，已然成为杭州夜生活的一张最具标志性的名片。

青春最盛时最不易察觉时光的匆匆，蓦然回首时，才惊觉皇后酒吧已傲然屹立在西子湖畔 3 年。3 年时光，人们对它的热情与喜爱更甚，那么，又是怎样的神秘力量，让它葆有如此强劲的生命力？

2011 年 9 月 26 日，中国内地第一家皇后酒吧惊艳亮相。这家由澳门大金鲨娱乐集团倾力打造的极致夜生活旗舰，一经开幕，便以全新的"时尚潮流混搭奢华复古"的核心娱乐理念突出重围，革命性的开创出 360 度 Party World 派对俱乐部模式，并以前卫奢华的装修、顶级的硬件设施、国际化的 DJ 驻场以及强大的明星阵容，迅速征服了迫切渴求全新娱乐体验的潮人玩家，而跻身一线娱乐大牌。

开业第一年，皇后酒吧的月均营业额就达 1000 万元以上，以雷霆般的速度蹿升"上头条"，成为业界瞩目的超新星。惊艳绽放 3 年来，成为杭城超级明星、派对嘉宾表演频率最高的酒吧，并连续 3 年摘取了杭城夜店人气、营业额以及轩尼诗单店销量三项第一的桂冠。

在皇后酒吧，记者遇到一位铁杆死忠。他说，在这里他最享受的，除了每晚

最顶尖的 DJ 和派对嘉宾表演互动，更在于每季都有知名艺人惊艳出场——张震岳、MC Hotdog、李玖哲、苏永康、陈晓东、"维多利亚的秘密"国际超模天团、DJ 奶奶 Mamy Rock、F.I.R 飞儿乐团、BY2、谢天华、阿娇、杨宗纬、TANK 等等巨星先后到访。"皇后酒吧天天都是 Party Night"成为娱乐潮人们的共识。

皇后酒吧推崇时尚多元的派对文化，不同特质的艺人带来了不一样的流行元素，他们共同引领潮流夜生活新主张，令这个全年无休的大派对永远充盈着未知与神秘。

成功绝非偶然，如果你知道同时期中国城市夜店的大环境，便能理解，皇后酒吧成功的背后有更加深刻的意义。

几年前，城市夜生活水平发展迅猛，众多手握重金的投资者青睐夜店娱乐市场，酒吧、会所、KTV 在一二线城市遍地开花，都市夜空光怪陆离。

然而，一拥而上的投资者却被一些盲目的、缺乏创新与市场把握的投资理念带入一个怪圈，"木质装修 + 嘻哈音乐 + 歌手演艺"千店一面，竞争力低下。有数据统计，历年来，杭州市酒吧行业月均营业额在 1000 万以上的不超过 5 家。很多酒吧甚至亏损连连，无以为继。但这个局面，在澳门大金鲨娱乐集团内地机构董事长祝子皓先生将皇后酒吧的品牌引入杭城后，发生了根本转变。

祝子皓，被主流媒体称为"杭州娱乐策划界第一人"！2005 年，以一天 40 万营业额、每月 8000 瓶芝华士洋酒销量而蜚声业界的 SOS 酒吧；2007 年，浙江地区硬件最佳、生意最好的高端商务娱乐会所魅力金座；2010 年一个三线城市连续两年创造人头马 VOSP 全国销量第一的"湖州·莉莉玛莲"酒吧，均是由他策划打造的。

祝子皓先生坚持"不盲目跟风随俗，创潮流开拓市场"的信念，继续创造娱乐神话。他推出酒吧品牌连锁化发展的概念，将 1998 年诞生于澳门珠光大厦的 Queen's Bar 重新包装，并正式更名为"Club Queen"，于 2011 年首次引进内地。

皇后酒吧的大获成功，在全国引发了狂热的"皇后效应"，皇后酒吧全球品牌运营中心——澳门大金鲨娱乐集团内地机构也趁机迅速开启了品牌连锁扩张之路。皇后酒吧先后在郑州、台州、绍兴、南通等城市落户，均毫不例外的成为当地潮流夜生活标杆。

进无止境，面对时刻都要与最前沿时尚潮流同步的娱乐市场，祝子皓告诉记者，只有超前的意识和理念才能在市场中占得先机。未来的 Club Queen 将进行全新的概念升级，主体空间的设计讲究丰富多元，引进全球一流 Magics 和 3D Mapping 立体影像技术，让人们在同一个空间里，享受多层次、多元化的感官体验。运用最符合时代性的营销运营模式，引领潮流，以真正"皇后"之名，打造奢华极致的派对空间！

把 G 刻在额头上的年轻人
在湖滨找到新天堂

《钱江晚报》文艺部记者　屠晨昕

　　周末夜晚，杭州城华灯初上。结束了一周紧张忙碌的人们，一股潜伏已久的激情，在心底开始涌动。

　　庆春路与湖滨路交界拐弯处，华侨饭店旁，西湖国贸大厦一楼，一个嵌在玻璃房内的巨大"G+"标志闪耀着炫彩与魅惑。

　　走进门厅，3D投影在三角形立面墙上，幻化为无数梦境般的意象。这样的背景，让在此进出穿梭的时尚美女们，更显得性感动人。

　　这里，便是极佳酒吧（简称G+），杭城年轻时尚潮人们永远的夜间消遣首选之一。2014年6月25日，G+位于湖滨的新店盛大开张。很快，杭州的粉丝们从

整座城市的四面八方向这里靠拢。G+ 就是有这种魔力——从庆春路上的金碧辉煌，到保俶路，再到湖滨的新 G+，有 G+ 的每一个夜晚，杭城时髦的人都会集结至此，点亮这个城市更闪耀的夜晚。

穿过新 G+ 的前卫门厅，穿过被漂浮状玻璃墙包围的梦幻走廊，当情绪被撩拨已久，走进 G+ 一楼偌大的跳舞俱乐部，便被强烈的动感电子节奏与 HIGH 翻天的热烈氛围，直接击中。

这是一个拥有 4000 多平方米面积的时尚流行天堂，仅仅一楼的卡座，就能容纳超过 700 人共享跳舞音乐盛宴。一二楼共有 19 间独立包厢，其中一楼的包厢设计成半封闭状，客人可以透过玻璃窗，看到舞台上的精彩表演。而二楼同样别出心裁，12 个包厢，用 12 星座命名，可以猜想，在此为该星座的"寿星"开生日趴，那绝对给力。

与保俶路老店完全女性化的全粉 LED 完全不同的是，新 G+ 的一楼采用了中央挑高设计，随处可见金属质感的三角形元素，令人感觉极为前卫炫酷。从二楼环绕的走廊上，往下俯瞰动感绚丽的夜场，顿生极尽奢华之感。据悉，新 G+ 的设计风格，参考了迈阿

密、纽约的几家知名夜店。

夜店，永远是城市的时尚地标，而作为中国鼎级时尚夜店品牌的 G+，当之无愧是杭州夜生活里璀璨的明珠。G+ 品牌诞生于 2006 年，此前，在上海和杭州已成功发展和积累了十年以上。2006 年，G+ 在杭州及上海新天地开出两间大型跳舞俱乐部，迅速成为当地夜生活娱乐的时尚风向标。

音乐，是 G+ 的灵魂。在 G+，如雷贯耳的国际国内音乐巨星登台表演，那是如同家常便饭——MC HOTDOG、天王 DJ Armin van Buuren、Paul van Dyk、Skrillex、格莱美奖得主 Calvin Harris、潮流音乐教主 Steve Aoki、流行音乐巨星黑眼豆豆团员等等，悉数到访，一次次引起全国乃至世界关注。

2012 年 12 月，为了庆祝杭州潮店开张，潘玮柏和李晨选择把庆功宴放在保俶路 G+。当晚，G+ 星光熠熠，"黑人"陈建州、佟晨洁、JASON 唐志中等都来为李晨、潘玮柏捧场助兴，在粉丝们尖叫声中，HIGH 到爆。

从 2006 年到 2008 年，G+ 每周的电音派对，几乎将全球百大 DJ 一网打尽；而 2008 年开始的 Hip Hop 主题派对，也几乎集结了上海杭州两地一流的 Hip Hop 音乐人；从 2009 年开始，G+ 更是将更多时尚元素融入到整体视觉和音乐风格之中。

很多夜店，为了眼球效应，满足于仅仅做一个国际大牌的秀场。而 G+ 却有着不同的追求，不同的责任感。作为杭州乃至全国跳舞音乐俱乐部的领头羊，G+ 给了本土优秀音乐人一个与国际一流音乐人沟通交流的平台。从中国知名 DJ 朱刚（DJ Calvin Z），到近年来在国际舞台上获奖不断的杭州诸多 Hip Hop 音乐人，他们

在 G+ 的舞台上闯出一片天空。

而在湖滨新 G+，现由中国著名 DJ 阿鬼 Ghost 担纲了音乐总监，他曾在 2014 年 5 月的北京长城音乐节上，献上华丽演出。

在新 G+，来自俄罗斯、巴西、美国的 Dancer，带来 Hip Hop、爵士、Freestyle、Rap 等等风格的表演，一整晚都不会重样。而且，你时不时会遭遇惊喜，比如，在音乐 high 到顶点时，突然，二楼的彩虹机喷出漫天彩纸，让所有人一起尖叫起来。

年轻人永远是时尚夜生活的主角，而 G+ 也一直关注着他们的流行文化。2006 年 G+ 随着品牌诞生便创办了属于年轻人的亚文化免费杂志 G-BOOK，之后更发展到网络和主题派对甚至联名产品，与知名国际品牌及本土潮流艺术家展开广泛合作。

一直被模仿，从未被超越。对于夜店和娱乐行业来说，G+ 一直是这一行业的翘楚。对于很多年轻人来说，G+ 不只是一间夜店，更代表一种积极、乐观、进取的生活方式，代表对音乐和时尚的热爱，代表对生活的探索和追求。

【新 G+ 酒吧】

湖滨路 46 号西湖国贸中心 1 楼。

品质娱乐，尽在东方

《钱江晚报》文艺部记者　屠晨昕

"浮生长恨欢娱少，肯轻千金换一笑。为君持剑劝斜阳，且向花间留晚照。"北宋文豪宋祁的一首《玉楼春》，道尽了古人五花马千斤裘、一掷千金的潇洒与痴狂。

在生活品质之城杭州，何处寻觅这般潇洒，这般痴狂？

沿着保俶路南行，无边的夜色，如一席天幕缓缓坠下。距离断桥仅 50 米处，不经意间一抬头，是一组气势恢弘的哥特式建筑，那厚重与奢华，铺天盖地，就在一瞬间，攫取了我的呼吸。

这，难道是欧洲中世纪的宫殿城堡？

是时空错乱了？还是穿越成真？

都不是。这里，是东方魅力娱乐会所，杭城高端商务娱乐之集大成者。

早在 2000 年，杭州娱乐业刚刚萌芽，东方魅力娱乐团队便在杭州繁华的商业中心——杭州银泰楼上斥资上亿元，创办了以奢华和娱乐理念新颖著称的"东方魅力娱乐中心"。当时的东方魅力营业面积达 7000 多平方米，拥有风格迥异、气度非凡的 KTV 包厢近百间，还有出尽风头的异国情调梦幻演艺吧，一举奠定了东方魅力娱乐业界领头羊的地位。

2005 年东方魅力在黄龙路创办"风暴 SOS 酒吧"，独创酒吧和世界明星、著名艺人联盟的模式取得巨大成功，引上千家娱乐场所效仿，一时之间，SOS 的设计和经营模式被疯狂地"拷贝"到全国各地。

2008 年，东方魅力娱乐团队再出发，斥一亿五千万的空前巨资，全力打造了全亚洲领先的六星级娱乐综合体"魅力金座"，将杭州的娱乐业推向了一个新的制高点。而"魅力金座"旗下的 S2 潮人会则成为全亚洲顶级 Hip Hop 音乐潮店。

2011 年，东方魅力团队的巅峰之作，投资三亿多元的顶级娱乐场所东方魅力，经过设计大师周建波的精心营造，横空出世，也为美丽的西子湖增添一道亮丽的风景线，世人瞩目。

这块斥巨资拿下的黄金地段，位于夜色璀璨的保俶路南端，紧邻西湖十景之一"断桥残雪"，地理位置得天独厚。会所一共六层，地上四层，地下二层，囊括了 96 间富有皇家贵族式的尊享商务 KTV 包厢，分为花园区、商务区、会员区及贵宾区，总面积达 2 万多平方米，可谓浙江规模最大、档次最高的娱乐会所之一。其中，最大的顶级 VIP 包厢，面积超过 500 平方米，可谓极尽奢华。

步入东方魅力，很快就被无尽的华丽与极致的绚烂击败，因为进口的高档装饰而眼花缭乱，因为顶级的音响设备而神魂颠倒。在这奢华的装潢与服务之下，无论是商务宴请，还是好友聚会，都将会给人前所未有的至尊享受，而忘却韶华易逝。

因掌舵人有出色的全局观与洞见长远的睿智，理念始终清晰，才使得东方魅力得以一直走在杭城娱乐界的最前列。在这里，最时兴的潮流，能与国际上保持几乎同步，甚至有些概念在他处还是纸上谈兵的时候，东方魅力已然付诸实践。

这些，体现在林林总总的细节之上，包括装修设计、节目质量、服务水平等，甚至细到杯盘摆设的角度和方位也有讲究。一个星级娱乐场所，恍然精雕细琢的天工杰作。

或许别的夜总会也有穷尽奢华的硬件设施，也有穿梭不停靓丽明媚的艺人模特，但却没有东方魅力的品质服务。在东方魅力，好的服务标准，不仅仅是"巧笑嫣然"、"彬彬有礼"，因为经过训练，都能达到这种机械式的效果。上乘的服务，

娱乐殿堂篇

就是能在最自然的状态中显示温情，体贴入微的问候，亲切自然的回答，以及巧妙机智的应变，一切都来得如春风般和煦。

在董事长罗承先生"倡导绿色消费，打造品质娱乐"经营宗旨要求下，东方魅力打造出一支一流的管理团队与服务团队。

东方魅力对服务高品质的追求，渗透到每一个细节里面，达到润物细无声的效果。比如，在器皿的配备上就十分复杂，盛酒的杯子，多达几十种，不同的酒，会用不同的杯子；每个烟灰缸摆放的距离，多长时间内烟灰缸不能超过多少烟头，都有严格的规定。

每周，东方魅力都会召集所有员工开会汇总。客人有什么意见建议，还存在哪些不足，不断总结、不断改进。每个月，东方魅力都会考核每个服务生的表现。客人感冒了怎么办？应该先调整空调温度，再去取感冒药；客人喝醉里怎么办？应该想到提供蜂蜜水；如果客人有过敏性体质，对包厢气味过敏怎么办？应该想到使用空气净化器……每个员工，做了多少件这样的事，是提拔员工很重要的一项考核。

在这里，服务生不会因为遇到一点小事就手足无措。他们个个胸有成竹，有备而来。

有一次，一位客人在东方魅力消费时，腰上的一个小挂件掉在包厢里。服务生发现后，马上通过订房人核对，找到挂件的主人，第二天主动给那位客人送过去。换来的，是客人惊喜交加的笑容。

东方魅力，把服务上升到一种艺术，每个服务生，似乎都是艺术的执行家。

这些，都有一整套先进制度作保障。服务人员的选择、培训、考核上，均非常严格。招聘时，侧重员工情商和实践力，讲究待人接物的技巧和沟通的能力。而且，这里的男服务生是不拿小费的，每开一个房间，公司会补给他50元、100元或者150元。

考核之细，看送餐环节即知。果盘，酒水，抑或简单的小吃，从点餐到送达的时间，不能超过5分钟。更复杂的美食，则8分钟、15分钟，最长30分钟，均有固定的时间要求。

而这里的名酒，轩尼诗、芝华士、人头马、马爹利、威士忌、卡慕干等，都是中国一级洋酒代理商直接供货。发现一瓶假酒，代理商就会被罚100万。而且，东方魅力还有一个私家酒窖，储藏着世界八大酒庄的名酒，供客人随取随饮。

夜色中，欣然踏上东方魅力的屋顶花园，斜卧椅中，正对着保俶塔，远眺树枝间波光粼粼的西湖，饮酒品茗，向着一轮圆月，举起酒杯——

"人生得意须尽欢，莫使金樽空对月……"

不知1300年前的李太白，穿越至此，此时此刻，此情此景，能否与我共鸣？

亚洲·京浙会杭州店
隐于闹市间的娱乐天堂

《钱江晚报》文艺部记者　屠晨昕

　　庆春路与建国北路，杭州城中心的两条重要干线，日夜川流不息。在两条大街的交界处，向北行略一拐弯，顿时豁然开朗，凡常的繁忙、紧张、纠结，瞬间被一扫而空——在这里，遇见了京浙会。

　　开阔、大气而不乏简约的大门，数位 1 米 80 以上的帅气侍者。无论是入内消

费的客人，还是好奇张望的路人，他们都会示以友好的微笑。

步入旋转大门，那一刹那大厅的气场让人不由自主地驻足——这并不仅仅源于其高达 1200 平方米的面积，更在于不凡的创意装潢与个性设计。

率先跃入眼帘的，是头顶的"盘龙云海"……天花板下面，数千只透明琉璃灯管被巧妙地联在一起，蜿蜒曲折，构成了抽象意义上的巨龙，似乎高高在上吞云吐雾，给这富丽堂皇的大厅平添了一份浪漫主义的诗人气质。

豪气的是，大厅里这样的盘龙巨灯，有左右两条。据说，每一条盘龙灯就价值 200 万元，抵得上杭州主城区的一套房子。把每一条"龙"一个灯管一个灯管地组装到位，花了工人半个月时间。

这个大厅精心布置的细节，还有很多，可谓俯拾皆是。

同样在天花板下，正中央的大圆顶，蓝白两色晶莹剔透的琉璃荷花丛；而地面的水池里，陶瓷荷叶翠绿欲滴，恍惚间将曲院风荷的意象映射于这方天地，默默地诠释着"京浙会"的真谛。

华丽如同华表的巨柱，外面被四面玻璃保护起来；大厅正中央的圆形休闲区域，被镂空木雕围了起来；两侧，水池前各有 8 个纯白的汉白玉人物雕像，呈现"玉女吹箫"的梦幻奇景。

　　而在中央的方形天井里，蓝白两种颜色的"琉璃鱼"，密密麻麻地定格于此，仿佛在深邃浩瀚的海洋中自由自在地游弋、觅食……据说，仅这一项大手笔，就耗资三四百万元。

　　杭州的商务精英们对于奢华的会所并不陌生。不过，格调与韵味能到达如此境界，随时随地都让人拍案叫绝的，却着实凤毛麟角。

　　2014年4月正式开门迎客的京浙会KTV，总投资8000万元，坐拥59个风格各异的包厢，实际经营面积上万平方米。前述这些令人目瞪口呆、拍案叫绝的创意设计，都是出自香港国际级设计大师之手笔。

　　同时记者还获悉，为了保证环境的绝对安静，保证最佳的K歌娱乐效果，同时为了不扰民，投资方不吝资金，在整个KTV区域的外围，筑起了两层隔音墙，用上了三层隔音棉。

　　豪华典雅、富有皇家贵族气息的VIP包厢，是呈现京浙会高价值的焦点。

　　京浙会的一楼，共有5个巨型超级包厢，而二楼及负一楼均设有风格迥异的包厢各27个。

　　整个KTV里最大的包厢，是一楼的西湖厅，260平方米的面积，墙壁、吊顶、柱子，都用大面积的名贵红木装饰，质感出众，贵气十足。法国NEXO力素音响，16万元一套，是张学友巡回演唱会的专用音响，一通电，低音炮轰然炸响，非常震撼。正面墙上，挂着博一格工业级90英寸超大液晶电视，单价同样在10万元以上，令人顿生身临其境之感。

　　记者注意到，VIP 包厢里有台球桌、棋牌房、会客房、还有造型私密的休息室、两个独立的洗手间。可以想见，这一空间里客人们"乐不思蜀"的畅快场景。

　　怀着塑造亚洲顶级商务娱乐品牌的信念，京浙会的一流团队，志在以极致私密空间与贴心管家服务，创建六星级鼎尊服务。

　　大隐隐于市。闹市之间，隐隐浮现一方娱乐天堂。

【京浙会】

庆春路 38 号金龙财富中心商厦内。

娱乐殿堂篇

戛纳国际　西子湖畔极品夜宴

《钱江晚报》文艺部记者　屠晨昕

　　初夏入夜，华灯甫上，原本在日光下温婉可人的杭州城，渐渐显露出她魅惑的一面。

　　杭州大厦D座的华浙广场，向来都是杭州时尚潮人的聚集地。而在一片片辉煌的霓虹之间，密渡桥路东侧的一抹显得格外高贵、典雅，气场卓然不群。

　　宽阔气派的欧式大门，顶上延伸出一块厚重考究的顶棚，其上，是"戛纳国际"四个大字；其下，是立于左右的帅气门童，银白色制服笔挺，微笑迎宾，彬彬有礼。不时有美丽优雅的佳人，结伴进出此处，成为一道道隐忍着迷的风景。

　　"人生得意须尽欢，莫使金樽空对月。"诗仙李太白，在千杯嫌少的朦胧酣醉之中，写下了这样不朽的诗篇《将进酒》。

　　今天，置身于戛纳国际娱乐会所——杭城娱乐业的恢弘旗舰、长三角乃至全国的娱乐航母，忽然从内心感到，人生本该如此。

从 6 楼到 9 楼，整整四层，上万平方米的建筑面积，被戛纳国际娱乐会所融为一个畅享得意人生的天堂所在。

投入亿元巨资打造的戛纳国际，有着太多让人"不淡定"的资本。

大堂是由镶金龙麟大柱撑起的挑高三层的宏伟大厅，脚下是巴洛克的绚丽拼贴花纹弯曲延展至墙面，头顶是精致耀眼的水晶吊灯，让人目眩神迷。每层由豪华观光电梯相连，并设有 T 台走秀，而宛若镶满砖石的典雅皇冠，衬托着神秘辉煌的印度宫殿。

46 间豪华 KTV 包房，国际著名设计师精心设计，呈现六种截然不同的设计风格，没有哪两间包厢是相互重复的，每一间房都各具性格与特色，冷酷、艳丽、大胆的色彩拼贴、繁复的花纹结构，同时，以雍容大气、华贵高雅的气质一以贯之。

尤其是 4 间来自法兰克福的经典瑰丽花纹的设计包厢，独一无二的羽毛无烟包厢，让你坠入 360 度的黑白羽毛空间，是恣意天真的天使，还是疯狂使坏的黑色恶魔？

穿行其间，人性化与功能性的亮点俯拾皆是，譬如坐便器与小便池分开、私密性出色的独立洗手间，譬如两两相对的半包围式沙发，再譬如勾起人们怀旧情结的老式家具……

　　而包厢的名字，都是来自那一部部令人无法忘怀的经典影片——"童梦奇缘"、"集结号"、"龙门客栈"、"单身男女"、"大话西游"、"英雄本色"、"天赐良缘"……似乎那光影铸就的梦工厂，就在此处复活了。

　　高雅而精美的艺术，一流而豪华的装潢、优雅而舒适的环境、精致而专业的服务，充分体现了有识之士独特的生活态度和尊贵的身份。显然，那些追求独特品位的都市贵族置身其中时，足以回味无穷。

　　从奢华大气的落地窗向外望去，夜杭州在苍穹下凝聚成一大片灯的海洋。这美景提醒了我，这里其实地处杭城商业核心区块，依托着杭州大厦购物城，集商贸、文化、交通中心于一体，坐拥得天独厚的地理条件和商业氛围，又有着以人为本的经营理念，天时、地利、人和，应有尽有。成为行业的佼佼者，自然也是顺理成章之事了。

　　在戛纳国际，我所遇到客人，许多都与这里的侍者、模特一样面带着笑容。无论是正儿八经的商务接待与应酬，还是自娱自乐的公司聚会、生日 Party 等，这里的品质、环境、与合理价位，都足以令人怦然心动。

　　置身于梦境里，体验人生尽欢。戛纳国际将每晚为杭州人，捧上一场场的极品夜宴。

【戛纳国际】

环城北路 142 号华浙广场 6-9 楼。

0571 浙商会俱乐部
当美食与娱乐近在眼前

《精英汇》杂志执行主编　农丽琼

　　杭州天目山路玉古路口，高级的写字楼林立，像样的餐馆却是不多。对于热爱美食的上班族来说，这个地方如果想要下了班小聚，或者大快朵颐，必须得在饥肠辘辘中感受堵车的煎熬，穿越繁忙的天目山路，才能满足味蕾。隐身在现代国际大厦五楼的 0571 浙商会俱乐部，轻易还不被发现，然而去过吃过，相约再来是肯定的了。

写字楼里的高尔夫餐厅

第一次去浙商会俱乐部是一个周末，几个朋友相约，要度过一个充实而美好的夜晚，挑头的小姐妹让我们直奔现代大厦，说是第一场和第二场都已经安排妥当，着装得体前往便是。

电梯在五楼打开的时候，略微还是有些困惑，总担心着是不是误闯了某个公司的写字楼。没走几步，镜面透亮的装饰和挑高垂下的欧式吊灯，顿时就是高大上的感觉。两边透明玻璃后面整齐摆放的进口葡萄酒映入眼帘时，不自觉放轻了脚步，唯恐高跟鞋的声响撞坏了这里的安静。

再一个转角，遇见深长的走廊，亮红的地板，金黄的吊顶，恍惚间总觉得走廊的尽头应该是个神秘的宫殿。但引导的服务生说，包房就在走廊的两边。用落地的大面积的玻璃做起的隔断，厚重的帷幔遮挡出独立的空间，忍不住窥探，原来每一个房间都各有特色。烟灰色厚重的座椅搭配正红色的桌布，看起来新鲜倒也不突兀，花纹各异的墙纸搭配形态各异的小摆件，也别有些味道。有几个包厢还带了露台，白色的休闲椅子静静地躺在那里，听说年前杭州的大雪曾经洒落进来，我能想象到那种宁静惬意的味道。

我们选了大厅坐下来，因为大厅的落地窗外就是一个空中花园，满眼皆是宜人的风景。最有意思的是那个造价不菲的高尔夫推杆练习场，虽然比较迷你，但是基本动作还是可以得到充分展示的。在杭州找个高尔夫球场不容易，价格昂贵不说，还得长途跋涉，想不到写字楼里也有这种体验。挥杆的人在里面大汗淋漓，围观的人还可以在边上的藤椅或者秋千上静静享用一杯午后咖啡，各得其乐。

舌尖上的美食风景

有些意外的是这里并不提供西餐，而是以粤菜为主，融汇杭帮菜、川菜等特

色菜肴。并且每一道菜的摆盘和出品都十分讲究，倒也和现场的环境十分和谐。

印象最深的是那道"烤鱿鱼"，白色剞了花刀的鱿鱼片沿边烤得微微泛着金黄色，就这样盘落在黑色石板中心，橙子和水果粒拼成的几朵花围在四周，这哪里是一道菜，分明是一幅田园风格浓郁的油画！再看那道"神仙豆腐"，方方正正的豆腐块，表皮已经煎至金黄，内里却是鲜嫩得入口即化。垫上些许金针菇就这么在砂锅里慢慢地烧着，汩汩地吸收着浓郁的汤汁，香味毫不客气地萦绕而出，直引得垂涎欲滴。各种菜式丰富多彩，单单是小炒都是五花八门，有各种海鲜的搭配，有各色的水果入味，把粤菜演绎得淋漓尽致，把创新的那些心思也毫不保留地呈现出来，同行的小伙伴都感慨，这的确是一场不虚此行的美食之旅！

价格也算适中的，人均七八十的样子。买单的时候还瞥见店里的优惠活动，中餐的四人套餐，包括千岛湖鱼头在内的五菜一汤，原价 368 元，活动价竟然只要 168 元！如此说来，中午哪怕是和同事在附近开个小灶也是不二之选。

移步便是娱乐天堂

美好的周末，又怎么能一顿饭就匆匆结束？说好的第二场，如约而至，不必舟车劳顿，移步到楼下，便是杭城的娱乐老牌子 0571 浙商会。

早些年，这里的奢华装修轰动一时。处处彰显华丽的细节，是由国际著名设计师精心打造的，特别是会所里摆放的四大名石，如今价值已经远不止一个亿，而会所里存放的艺术品又何止是这一件！几乎是每一个包厢里，墙面上都镶嵌着玻璃柜，每一个玻璃柜里都陈列着价值不菲的艺术藏品，这或许是杭城最具有艺术气息的娱乐场所了。墙上挂着不少明星来过的合影，杨恭如是出现最多的一位。她温柔而高贵的明星气质，和会所的格调倒也有几分神似。

作为一个高端的娱乐场所，这里专业的音响设备和硬件设施就不必多说了。会所里几乎涵盖了社会名流需要的一切商务功能：KTV 娱乐、高级多功能会议室、恒温恒湿的红酒房、要求卓越的雪茄房、商务茶吧以及咖啡吧一应俱全。

休闲广场篇

苑苑：顶级美发设计师

《今日早报》新闻中心记者　黄轶涵

　　在杭州，谈论购物，不能不提及淘宝网；讲到美发，自然绕不开"苑苑"品牌。苑苑作为杭州美业的领军企业，在杭州乃至北上广地区，都是首屈一指的。苑苑始终屹立在时尚制高点，引领着变幻莫测的时尚潮流风向。

　　苑苑美发拥有众多顶级的设计师，他们私人订制发型设计价格不菲，预约时间却排得满满当当，难得有空闲……

　　金秋时节，记者有幸与苑苑的十位最顶尖的发型设计师面对面，零距离倾听他们对当下发型美与时尚的见解与看法。与众多时尚大师接触，任何一位女人，都会感到压力重重，瞬间会有想要变美的冲动。

王俊　首席造型师　文二店

　　王俊从业十余年，积累了丰富的行业经验。找王俊的客人，九成以上都是苑苑的 VIP 顾客，客人经常点名要找他设计，发型以卷发为多。

　　王俊的卷发，注重头发的那一个落点。简单来说，他做的卷发，自然垂落，就算客人回家睡一觉，洗个头，只要自己稍稍打理一下，出来的效果就跟刚烫完时一样。王俊善于做扎发造型，女顾客找他扎个日常的编发发型，偶尔换换风格，为生活添加不同的色彩。

胡雪楼　创意总监　文一店

　　胡雪楼长得浓眉大眼，还不到 30 岁，从事美发行业也有整整 10 年。他的客人，主要集中于 30 多岁的女白领、全职太太等，客人欣赏他别具一格的中短发设计。

　　中短发剪得不好，就会显得很老气。胡雪楼的中短发，手法灵动，不刻板，

彰显青春活力。他定制的中短发，较好打理，客人可以在家操作，不像短发，半个月就要去修剪。如果您是 30 岁左右的女性，那就一定要找胡雪楼帮你留住青春的活力。

Jack 阿龙 创作总监 中北店

阿龙堪称"80 后"奋斗的榜样，进入美发行业 10 多年了。最初，阿龙专攻男客寸头，一天可以剪 30 个客户，非常刻苦勤奋。现在服务于女客设计时尚发型。阿龙的手，相当的稳当。

阿龙给人的感觉很亲切，他会手把手指导客人自己剪刘海，在枕头上放丝巾来保持发型。30 岁的客人当他朋友，40 多岁的客人把他当孩子。

剪发，阿龙对自己特别狠，就是要一刀准，尤其是剪刘海。一般阿龙一刀剪下去，发型就有显山露水的境界，这就是"一剪定天下"。

董帅 首席造型师 竞舟店

30 岁的董帅，已经在苑苑整整 8 年。他有一张娃娃脸和健硕的体格，顾客放心地把发型交给他打理。如果你一直是长发，又想去尝试短发，那么你一定要找董帅。

董帅最擅长的是短发造型。他的客人，从 25 岁到 40 岁不等，其中 70% 的客人，都是短发。在董帅看来，相比长发，短发更加有气质。而对于美发设计师来说，短发造型更加具有挑战性。董帅做出来的短发，绝对能给你意想不到的惊喜。

吴裕班 首席造型师 文二店

大师级的设计师吴裕班，没有英文名字，技术却光芒四射，性格内敛稳重。大师的手艺，就跟他这个人一样，稳重大方，不会特别去赶新潮，重点是他能准确地帮助每个客人，把潮流糅合到客人的发型设计中。

在老吴看来，再好的发型，也是需要打理的。打理头发挺烦的，但老吴手下的发型，毫不矫揉造作，打理起来，也很容易，客人自己在家就能搞定。

老吴给客人做完发型，随意吹干；客人回家，洗完头，自己吹干，两者出来的效果可以做到分毫不差。

范兆斌 首席造型师 天城店

范兆斌留着一头微卷的长发，看上去就很酷，一个词——"潮爆"。今年30刚出头的范兆斌早年从北方南下杭州，接触美容美发行业，已经有10多年。

范兆斌设计的发型，就跟他这个人一样酷，尤其是染发和烫发，找他的客人80%以上都是女性，年龄在28岁到45岁之间。范兆斌烫出来的发型，无论是大波浪还是微卷，动感、自然、新潮、大气。在色彩运用方面，他最擅长的，就是短发染色，无论是挑染还是上双色，都很时尚酷感，但又毫不夸张。

郑书慧 首席造型师 中北店

今年28岁的郑书慧，是杭城为数不多的女店长。年纪轻轻就肩负店长重任，郑书慧绝对是有两把刷子的。

作为女人，郑书慧说自己从小就爱"臭美"。苑苑的6年工作时间，只是她美发行业经验的一半时间。只要是女性的发型，无论是几岁，她都能做出最美的造型。

郑书慧自己留着一头很潮的时尚短发，她会根据每个女客的自身特点，标注出一个个时尚的发型。但是时尚不光只是潮，她每年都会出国去学习欧美国际潮流和日韩最新的流行发型，她为女性设计的发型，精致有品位。

马永毅 首席造型师 庆春店

马永毅2005年进入苑苑，一直到现在。他说，自己从20岁干到了30岁，不但练就了一把好手艺，对每一位客人，每一个发型，他都倾注了感情。

马永毅最拿手的，是短发和中发。今年，苑苑组织首席造型师内训，专程去伦敦看了时装秀。马永毅从中获得灵感，与伙伴们一起创新出了"菱形发型"，专为亚洲人设计，中发、短发都可尝试。

中发做出来，甜美可人；短发的效果，精明干练。一直走在时尚尖端的马永毅断言，这必是今年最潮的发型。

余立忠 首席造型师 凤起店

问余立忠几岁了，他一下子都回答不上来，只知道自己是属羊的。每天都跟时尚打交道，他说自己越活越年轻了。

余立忠推崇的发型，核心是适合＋时尚。他的客人，28岁到40岁之间，男女

苑苑美发设计师从左向右

王俊、胡雪楼、廖时龙、董帅、吴裕班、范兆斌、郑书慧、马永毅、余立忠、
戴铖。

兼有。很多客人都要求，怎么年轻时尚就怎么打造，但余立忠会根据客人的职业
和穿着，提出一个更适合客人的建议，做出来的发型，不仅要年轻时尚，更要在
品质上有所提升。

余立忠每年都会去日本和韩国交流学习，他拥有一个杀手锏，很会设计日韩
系卡哇伊的发型，尤其适合中长发。

戴铖 首席造型师 城西银泰店

跟其他顶级造型师相比，戴铖到苑苑的时间不长，但他自己当过老板，积累
了丰富的经验，也是一名"武林高手"。戴铖最拿手的，是短发和中发。短发，相
较日韩风，他更擅长偏厚重感的欧美风，而中发，则是柔美一点，更有女人味。

很多一直留长发的女性，都不敢轻易尝试短发，但心里又很渴望突破。如果
你是这样的人，就一定要去找戴铖，他会在你犹豫不决的时候，一剪刀下去，给
你一个惊喜。把自己的长发交给戴铖，他一定会给你一个完美的短发造型。

"缪斯造型"
三大高手独孤求败

《今日早报》新闻中心记者 黄轶涵

　　都说，有人的地方，就有江湖。杭州发型界中的江湖，向来不缺高手，但有三位"武林高手"，一定要提。

　　江湖传言，三位高手均师出名门，他们都是沪杭两地发型界的"技术先锋"，曾经在杭州名气最大的发廊里，担任过发型总监、店长等职务。

　　两年前，三位高手自立门派，在解百新世纪打造了"缪斯造型"，一时间，潮人奔走相告，江湖风起云涌。如今，三位高手武艺炉火纯青，位于运河的缪斯第二家店也已开张营业。

　　江湖上，多少武林中人被淘汰，而他们，却越战越勇，颇有一番"独孤求败"的霸气。

剑客晓余
必杀技——妙手回春

"缪斯"的三位大佬中，首席造型师晓余，当属大师兄。在发型界的江湖中，他是剑客。最擅长的，就是去修剪客人自认为被剪坏的发型。客人要求做整修，他绝对妙手回春，让客人满意而归。

晓余手中的剪刀，就像一把剑。一舞剑器动四方，他剪出来的发型，随便客人回家怎么洗头，发型都很好打理。而且，常常在杂志上或街上开始流行的发型，正是几年前晓余就推荐给客人的发型。

在晓余看来，发型失败，都是因为发型师与顾客沟通不够。每个人的头发，都是有个性的。走向不同、发质不同。在剪之前，要告诉客人，他的头发特征，让他更了解自己的头发，也便于接下去对于自己发型进行沟通。

"不是所有的头发都需要烫染，它们完全可以仅靠剪就变得顺畅自然。"晓余的老客，足足有1000多位。在杭州，乃至整个浙江，一位发型师，能够拥有如此多的追随者，简直就是个奇迹。

女侠杰妮
必杀技——千变万化

在杭州，发型界的江湖，几乎是男性的天下。但在"缪斯"，就有这么一位"武功高强"的女侠——形象设计总监杰妮。杰妮在杭城的发型界里，那是相当有名的。一来，她是少有的女发型师，二来，她无论是长相或气质都像极了王菲。

在发型界的江湖中，杰妮是名副其实的女侠，留着一头清爽干练的短发，手艺千变万化。如果你想发型有所变化，但又不太敢轻易尝试，比如把留了好几年的长发变成短发，那么你一定要把自己放心地交给她。

"虽然男人懂得欣赏女人，但只有女人才最了解女人。"作为一个女发型师，杰妮更了解女人，许多女顾客对于发型的要求，甚至不用多说什么，她很快就能心领神会，而且女人之间聊天的话题特别轻松愉快。

杰妮的老客，最起码也有七八百了。有些客人，追随她10多年。从学生开始，一直到工作、谈恋爱、结婚、生孩子……现在带着伴侣一起来找杰妮。这份情感，已经超越了发型师和客人之间的关系。

豪杰阿富　必杀技——推陈出新

如果你在舟山东路念过大学，如果你烫过当年最流行的离子烫，那么你一定认识"动力火车"发廊的阿富。

阿富是"缪斯"创意总监，他很潮的，他穿的衣服，戴的首饰，都是去国外淘来的。每年，他还要去香港和韩国学习，他总喜欢给顾客设计新发型，他不希望顾客们总是稍微修饰一下头发，而是希望他们能有所改变，勇于尝试。如果你想改变发型，换种心情，那就去找阿富，他绝对能带给你惊喜。

阿富的老顾客，算算也有八九百人了。除了名人，以金融界、政界等高端人士居多。

除了三位高手，缪斯优秀造型师还有很多，比如韩国美女发型师崔美善，不光中文说的溜，还有一双会说话的眼睛，她带来最流行的韩国风，让无数少男少女痴狂。

【缪斯造型】

解百旗舰店位于解放路 249 号解百新世纪商厦 1 楼，运河店位于台州路 3 号运河上街购物中心 3 楼。

跟温暖来个拥抱吧
天冷了，去众安温泉过暖冬

《今日早报》新闻中心记者　黄轶涵

　　天冷了，一拨接一拨的冷空气，让人在此时此刻，特别需要温暖的拥抱。如果有这么一个地方，既能让你放松疲劳的身体，又能得到高层次的精神享受，集吃、喝、玩、乐于一身，那该有多惬意啊！

　　众安温泉，就是这样一个完美的场所。众安温泉位于市中心，是老字号，也是杭州洗浴行业的领军品牌。它的营业面积有1万多平方米，另配有3千多平方米的地下停车库，是目前杭州最大的温泉浴场之一，堪称杭州"浴场航母"。

休闲广场篇

　　红火了十多年的众安温泉在 2013 年又斥巨资全新打造，尽展欧式装修的经典大气。步入众安温泉，你会惊奇地发现，带有图案的壁纸、地毯、窗帘、床罩、帐幔以及古典式装饰画或物件随处可见，家具、门、窗多漆成米白色，线条部位饰以金线、金边，显得高贵华丽，浓浓的异域风情扑面而来。

　　"给顾客提供更健康、更休闲的生活方式"，这就是众安温泉带给你的上佳服务。

　　现在，大家去浴场，不再仅仅为了洗干净身体，更重要的，还在于追求身心的愉悦。众安温泉浴场提供的浴种非常多，可以满足不同层次人士的众多需求。

　　比如，人参温泉浴、汉方温泉浴、木炭温泉浴、柚子温泉浴、脉冲温泉浴、硫黄浴等，每个浴种带给顾客的，是不同的身心体验。

　　人参温泉浴，温泉中氤氲着浓浓的药草香味，使人体得到洁净，给人以"浴罢恍若肌骨换"的美妙感觉；汉方温泉浴，以各类特殊中草药巧妙搭配，以达到消除疲劳、改善肌肤环境的目的；柚子温泉浴气味芳香；脉冲温泉浴是引进美国"雅士高"浴场脉冲发泡按摩设备，有水中气泡坐席，有按摩作用；硫黄浴可以去除身体异味，让人通体舒泰。

　　每年从 11 月开始，众安温泉就会推出极受顾客欢迎的"亲亲鱼"了。

　　"亲亲鱼"就是利用小鱼儿，去除人体皮肤在冬季产生的多余角质。想象一下，当你全身放松地躺在温泉里，成千上万条体长不到 2 厘米的小鱼儿，围着你转悠，就像清道夫一样，吃掉你皮肤上的老化皮质、细菌和毛孔排泄物，从而让人毛孔畅通，排出体内垃圾和毒素，这种"亲热"是多么的惬意啊！

　　不过，您大可放心，这些可爱的小鱼儿，不会让你感觉到任何疼痛，它们轻轻地咬，只会让您产生一阵阵舒服到心里的感觉。赶紧去和小鱼儿"亲热亲热"吧！

泡完温泉浴后，您可以在休息大厅里躺在沙发上看看电视，也可以一边闭目养神，一边享受足疗等服务。如果您带了孩子去，也不必担心，因为这里有 300 台新型的游艺机，孩子们可以在这里释放他们对游戏的喜爱。各类格斗、益智、冒险类游戏，这里应有尽有，让人玩得畅快淋漓。

泡了，玩了，有点饿了，就该到"泉之阁"餐厅大吃一顿了。设在二楼的餐厅，可谓"食全食美"，而且价格实惠，比如自助餐，烧烤、海鲜、西点、水果一应俱全，价格仅需 68 元 / 位，儿童半价。在您进餐的同时，一支专业的演出团体，还将为您献上一台精彩的文艺表演，可以欣赏到歌舞、相声、小品、戏曲等文娱节目。

酒足饭饱后，您还可以去茶吧里坐一坐，或者到网吧里上上网，可以到棋牌室里去消遣一番，也可以去沙狐球房、健身房、乒乓球室、台球室练上几把，还有各式桑拿按摩、美容美体……总之活动丰富，应有尽有。

【众安温泉】

德胜路 2 号。

众安华纳假日大酒店

　　众安温泉的隔壁，走几步，就是众安华纳假日大酒店，与众安温泉同属众安系的姊妹体。酒店总建筑面积 2 万余平方米，高 10 层，并配有 4 部客梯 1 部观光梯，舒适快捷，并建有大型停车场。酒店集客房、餐饮、娱乐、桑拿、影院、会议功能为一体，拥有贵宾套房、商务套房及标准房共 108 间，有 6 个放映厅的众安电影大世界、豪华的秀色江南国际娱乐会所、一流的康乐中心以及中餐厅、西餐厅、咖啡吧、酒吧、美容美体生活馆等配套设施。其中最令人迷醉的，就是"秀色江南国际娱乐会所"了。

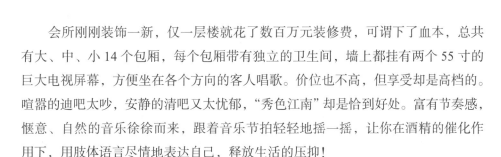

　　会所刚刚装饰一新，仅一层楼就花了数百万元装修费，可谓下了血本，总共有大、中、小 14 个包厢，每个包厢带有独立的卫生间，墙上都挂有两个 55 寸的巨大电视屏幕，方便坐在各个方向的客人唱歌。价位也不高，但享受却是高档的。喧嚣的迪吧太吵，安静的清吧又太忧郁，"秀色江南"却是恰到好处。富有节奏感、惬意、自然的音乐徐徐而来，跟着音乐节拍轻轻地摇一摇，让你在酒精的催化作用下，用肢体语言尽情地表达自己，释放生活的压抑！

　　吃自助餐，现在越来越受到年轻人的喜欢。在华纳假日大酒店，您可以享受到中西结合的精美自助餐。在这里，环境优雅、品种丰富、西式风格、口味浓郁。还有韩式小火锅，让您吃了心里暖暖的。

　　如此精美的自助餐，价格却很实惠。早餐 38 元 / 位，晚餐 128 元 / 位。如果你是一家三口来吃，还可以免费带一位 1.2 米以下的儿童。

【众安华纳假日大酒店】

香积寺路 21 号。

湍口众安氡温泉度假酒店
巴厘岛风情的养生度假天堂

《钱江晚报》都市新闻部记者　方云凤

　　冬天里最惬意最舒适的休闲当属泡温泉了！每到这个时节，人们总是会规划着找个温泉去放松一下。如今，不出杭州，就可以泡到高质量温泉，那就是临安湍口众安氡温泉。

　　湍口温泉，早在1300多年前的唐朝就有记载，20世纪80年代初得到进一步

探明，但由于交通、经济等因素，一直未能开发，直到2009年9月，临安湍口众安氡温泉酒店开工。现在，杭州向西100公里，一个多小时车程，大家就能暖暖地泡上温泉了。

可以喝的千年温泉

湍口位于杭州临安西南山区，距千岛湖50公里、宁波280公里、黄山100公里、上海中心城区300公里，属于"杭州—千岛湖—黄山"旅游金三角地带，也是杭州、上海、南京等长三角中心城市市民旅游、休闲、养生的美丽后花园。其八山环翠，四水合流，生态优势明显，终年空气清新，小环境气候冬暖夏凉。目前地区森林覆盖率达到80%以上，珍稀植物红豆杉、金钱松、野生银杏遍布全镇。有独特成片的原始红豆杉林，山间林中常可观察到猴群出没。这里也是闻名遐迩的"杭州小核桃"主要产地。

据明朝《昌化县志》记载："芦荻墩在县南四十一里，平阳突起，小墩高不盈丈，广余亩，清泉仰泻。"描写的就是湍口温泉。村民们千百年来每到秋冬都到温

泉提水洗脸，那时这里被称为"芦荻泉"，清澈滑腻的泉水滋养着湍口百姓，因为受益于温泉，一千多年以来，村民们从未被皮肤病困扰过。

到了 20 世纪 70 年代，相继有浙江省水文队、浙江省勘测院等单位进行地质考察和地热勘探。当时，探明温泉地热为 40～50℃，地表水温 33℃，日出水量达 3000 吨。并且，随着勘察深度加深，水温还逐渐上升。目前在 1370 米处已测到水温接近 50℃，而且泉水富含氡、镭、钡、锶、钛、氟等多种微量矿物元素，尤以氡最为突出，具有调节人体植物神经、促进新陈代谢等功效，对于心血管、神经系统及皮肤病有良好的疗效。临安湍口氡温泉的另一个特质是可饮可浴，也就是说，除了泡浴，它还是品质上乘的矿泉水，饮用和浴疗对人体都有良好的保健作用。

"能达到一定出水量和水温的优质温泉，此前浙江只有宁海、泰顺、武义、遂昌四处，临安湍口温泉是第五处。相比浙江其他几处，湍口温泉无论从出水量还是水质看，在省内目前应该是最好的。"浙江省地矿勘察院一分院院长章晓东告诉记者。

眼花缭乱的各色泡池

湍口众安氡温泉的核心建筑是近 2 万平方米的温泉中心，称得上华东地区规模最大的温泉。整个度假酒店投资 4 亿元，占地有 220 亩，超五星设计，共计 7 万多平方米建筑，集酒店、会议、中西餐厅、温泉、健身、别墅度假等于一体。

湍口众安氡温泉度假酒店建在山谷之中，户外泡池全部依山而建，30 多个户外泡池或绿树环绕，或面向青山，或掩映在茅草屋下，就连泡池间相连的台阶和石径旁，也都种满了鲜花和绿草，环境优美。

最大的户外泡池可以媲美游泳池，在这寒冬腊月，能在如此温暖的水中畅游，而且这池水完全没有消毒水的异味，甚至可以直接饮用，对游泳爱好者来说，那可是最豪华的待遇。小孩子们最喜欢带滑

梯的水上世界，彩色滑梯、卡通滑道、儿童跷跷板、会喷水的企鹅，蘑菇状的喷泉喷出的温泉水，在水面上飘起一层雾气，宛若仙境，让小孩子欢乐不已，完全沉浸在水上游乐世界。

人参泉，可以补气养颜；红酒泉不仅池水是红色的，还能闻到淡淡的红酒香，真是色香味俱佳，还能活血美容；咖啡温泉泡一泡，可以提神醒脑；硫黄泉，能杀菌消毒，对皮肤疾病很有效果；绿茶泉，池水碧绿清澈，有种纯净到骨子里的感觉；玫瑰泉，那浅浅的玫瑰色和淡淡的芬芳，总让人联想起唐代那个最爱泡温泉的贵妃娘娘。此外，还有生姜泉、枸杞泉、牛奶泉、当归泉、柠檬泉、月季花泉……

所有的泡池都设有电子温度显示，池水的温度一目了然，这一点可见酒店考虑得非常细腻。靠近山顶的位置还有 8 间小木屋，是 VIP 泡池，屋内设备十分齐全，不仅有单独的温泉泡池，还可以在这里美美地睡上一觉。

如果晚上怕冷的话，可以在室内泡温泉，室内的温泉虽然没有室外那么多分类，但泡池的冲浪、按摩、气泡等效果，却是给人另一种享受，还有干蒸、湿蒸等桑拿项目的辅助，也会让身体得到更大程度的放松。

毛亚琪

郑炬天

太极与温泉养生

养生之最，唯太极与温泉。

酒店在温泉的基础上推出了太极养生运动，邀请来酒店度假的宾客以及所有员工一起加入养生保健的行列。

养生顾问郑炬天（全国武术对练赛冠军）和毛亚琪（第八届世界武术锦标赛女子南拳冠军）讲到，太极拳有疗疾健身、修身养性等功效，可以达到提升健康、塑造气质、提高生活质量的目的。太极拳不仅是武术，更是健身术、养生术，作为医疗手段也很有作用。

温泉汩汩流动的泉水柱对人体有良好的按摩作用，在一些专门修建的"按摩池"中，泉水集束泻下，利用落差产生的冲击力，"按摩"人体肩部、背部、腰部、腿部的肌肉，对平常久坐电脑前导致的肩背僵硬、腰酸腿疼有明显的改善作用，尤其适合处于亚健康的上班族。

美美泡个温泉澡，在空山幽谷中打一段太极拳，撷万物之灵气、天地之精华，顿感心胸舒畅，气定神闲。

太极和温泉，一对养生的好拍档。

周到齐全的配套设施

温泉中心也是一个大型的休闲综合体，在四层建筑内，有棋牌房、健身房、足浴、儿童乐园、咖啡吧、茶吧、影视厅、沙狐球馆、羽毛球馆、乒乓球馆等众多休闲项目。

用餐也很方便，二楼有两个自助餐厅，一个中式自助餐厅提供的菜肴都是临安本土风味的农家菜肴，上百个品种随您挑选；而另外一个自助餐厅是全日式的，生鱼片、寿司、手卷、日式烧烤等正宗地道，一样让你口舌生津。酒店还有一个点菜式带包厢的中餐厅。山清水秀的临安盛产各种"山珍"，尤其是鲜嫩美味的竹笋，而酒店的一日三餐自然也少不了各种口味的笋，而"昌化三石"之一的石斑鱼更是喜欢尝鲜的客人在中餐厅的必点菜肴，还有当地产的各种原生态蔬菜及刀切面、酒酿馒头等都颇有特色，值得您去一品。

另外，度假酒店共有 276 间（套）客房可供住宿，每个房间都装有温泉淋浴，高档客房里有大型浴缸。设计者还巧妙地用不同颜色、材质的屋顶，区分不同的建筑。比如，草顶的是康体中心，红顶的是温泉中心，灰顶的是天驿山庄别墅。

还有，作为湍口打造温泉风情小镇的龙头项目，湍口众安氡温泉度假酒店还逐步开发了垂钓中心、高尔夫球场、滑草场、康体中心，以及森林温泉的山地泡池，山野小木屋等。

一个名副其实的温泉休闲旅游度假中心已经形成。

【湍口众安氡温泉度假酒店】

酒店在临安湍口镇湍口村，杭徽高速昌化出口下，约 18 公里即到酒店，一路有路牌指引。

豪园浴业 打造金牌服务

《钱江晚报》经济新闻部记者 王曦煜

如今的都市生活，紧张而繁忙，压力总是与日俱增，亚健康接踵而至。闲暇之余，找个安静的地方泡泡澡、洗洗脚，做个养生 SPA，偷得浮生半日闲，成为众多商务人士的上选。

但在大街上，足浴店、洗浴中心、水疗会所比比皆是，选择哪一家才合适？我向您推荐"豪园"，因为它是杭州休闲业的老牌子，旗下拥有豪园唐轩足浴连锁品牌、御之汤沐浴连锁品牌、丽澜 SPA 中国馆连锁品牌，品质如金，值得信赖。

17 年发展史，始终挺立潮头坚持创新

1998 年，上海复旦大学工商管理系毕业的马雄伟先生创办了自己第一家专业足部保健中心——"东方豪园"，它也是杭州第一家品牌足浴连锁企业。

豪园一开业便门庭若市，获得了巨大的成功。2003 年，豪园全国门店就达到50 余家，每年服务人次达百万，成长为我国足浴业界屈指可数的知名品牌。

2004 年，豪园的第一家浴场——豪园苏可泰泰文化主题浴场正式开业，浓浓的异域风情扑面而来，受到广大消费者的认可和垂青。2007 年御之汤日式浴场开业迎宾，御之汤休闲浴场装修简约大方、朴素精致、洁净无压力，如同世外桃源。

2012 年，豪园足浴和御之汤华丽升级，分别成为"豪园唐轩"和"御之汤盛唐SPA 养生会所"。

高大通透的外立面，精致典雅的店标，深咖啡色的窗棂，经过硬件的新一轮

翻新，豪园门店的外观更感规模宏大，气魄宏伟，极有古典的东方神韵，透露出神秘的光芒，令人无限向往。店内装修均采用盛唐风格——高档的原木和石材营造出古朴、简约、大方而又风雅别致的氛围，书画点缀，筝声琴语，静谧幽香，隔绝了城市的喧哗和烦扰，拉开了夜色清雅的空间，让客人在身心交融中追忆似水年华，进而达到放松身心、返璞归真的理想佳境！

2014年，豪园集团再度发力，创立了高档养生品牌——丽澜中国馆，引业界瞩目。

实地体验豪园足浴，金牌服务名不虚传

豪园足浴在业内以正规专业著称，深受消费者喜爱。为了一探究竟，记者也体验了一把这里的特色足浴。

豪园足浴黄龙公馆位于西溪路中段，毗邻黄龙体育中心，装饰得古色古香。

在大门口，有五六位工作人员统一着黑色职业装接待宾客，十分忙碌。引进落座后，服务人员立即开启空调、电视，送上茶水、水果、小食，并向我推荐了技师。不大一会儿，一位皮肤白皙、长相甜美的女孩来到我面前，她躬身温柔地说："我是37号女技师，很高兴为您服务。"随后半蹲着为我脱去鞋袜。

足浴的程序是先蒸后泡。蒸桶用的是一只半人高的大木桶外连一只精致的蒸气仪，当双脚放入桶中后，喷涌的水蒸气很快将桶笼罩。蒸的过程有15分钟，目的是把小腿与足部的毛孔统统打开；泡脚用的是加了牛奶的热水，汤色浓郁，散发奶香，温度适中，能深度滋润皮肤；按摩是先手臂，再肩背，最后是腿和脚。技师手法很特别，先是轻轻摩挲，当我的身体放松之后，慢慢地会加大力度，推揉捏压弹交替使用，动作轻盈娴熟，行云流水。在按摩腿部和脚部的时候，似乎能感觉到按摩精油随着她跳动的手指缓缓地渗入肌肤。中间还要点燃独门药酒来

搓足部，彻底杀菌消炎，活血化淤。更棒的是脖子上还靠着散发香味的半环型药枕，热乎乎的，真舒服。当然最让我忘不了的是顶腰。顶腰时身体要仰躺，技师用两膝紧紧地顶住我的腰眼，左右大幅度移动。只感觉全身的神经在瞬间绷紧，好疼，但技师只是提醒放松，动作更加迅捷，感觉更疼。顶好后，大赦般放松。

80分钟的流程做完，只觉得神清气爽，清洁过的皮肤也变得细腻光滑有弹性，浸润着丝丝甜香。豪园足浴的金牌服务，果然名不虚传。

另外，记者发现豪园足浴的点钟率极高，很多客人进门时就会准确的报出技师的胸牌号，甚至姓名。也有客人会提前与熟悉的技师通过微信或电话定好服务的时间，到达时不需等待。

丽澜中国馆——超五星养生水疗

走过17年，锐意进取的豪园集团当仁不让，成为杭州休闲业的领头羊，杭州直营店也最多。在17年的发展历程中，她以优异的服务积累了10万VIP客户，百万精英会员。但在竞争日趋白热化的新形势下，豪园集团高层未雨绸缪，誓要作别低端无序的竞争，让品质再提升，给会员提供更好更优的服务。

实际上，豪园在追求专业SPA的路上不断追寻前人未曾探索的风景。我们

知道，中国足浴和洗浴已经有了很多知名品牌，但在 SPA 行业，鲜有知名的品牌，主要原因是几万几十万可以开家足浴店，但开一家专业的 SPA 馆动辄要几百上千万。恰如豪园创始人马雄伟先生说，好的东西需要实力的支撑和时间的沉淀，豪园要做的是一个像足浴品牌一样专业的 SPA 品牌，旨在传播世界上最先进的 SPA 文化，同时带给广大会员更超值的享受。

2014 年 5 月，豪园旗下丽澜中国馆隆重开业，并聘请到泰国著名 SPA 专家罗曼丽小姐，在国内率先引进来自泰国的纯粹 SPA 十指观音术，这将让您的每一寸肌肤都得到超然享受。同时，2014 年开张的豪园江滨一号高尔夫超级 VIP 馆，也将彻底颠覆大众思维。试想在这里，豪园的会员不仅能享受足浴和 SPA，还可以畅打高尔夫，无论在杭州乃至全国，都很少见。难怪境内外著名的红杉资本、高盛投资早几年就希望注资豪园。

对于豪园，这是前所未有的大胆创新；而对于您，这也将是前所未有的崭新体验。

古老泰式按摩中走来的十指观音术

十指观音术，到底是什么？有多神奇？

泰国著名 SPA 专家罗曼丽小姐表示，十指观音术是从古老的泰式按摩中走来的，融合了此后多位大师的体悟和针对国人身体特点的精微改进。

　　泰式按摩是泰王招待皇家贵宾的最高礼节，被视为强身健体和治疗身体劳损的最佳方法。

　　泰式古法按摩，与传统中式按摩有很大的区别，除了关节纾整外，更有自成一套的经脉、穴位按压及伸展理论。利用手指、手臂、膝部和双腿等按摩对方穴位，又在肌肉和关节上按压和伸展，令身体、精神和心灵回复平衡，促进血液循环、呼吸系统、神经系统、消化系统运作正常和肌肉皮肤的新陈代谢。

　　而十指观音术，就是罗曼丽小姐用10年时间，集萃了纯正泰式古法按摩的精华，并加入了针对现代繁忙都市一族身体亚健康状态的改进，才锻造出来的超然指法。

　　这套指法，在客人的身体上不会放过每一寸肌肤。用按、推、揉、拉、滚的技法，给人以最舒适的享受。

　　罗曼丽的十指观音术给客人的最大感受就是按要准确（痛者不通）、推要用力（走七经脉络）、揉要轻揉（体现飘然幻觉），这就是十指观音术的经典三原则。十指变幻，一如纷飞的蝶翅。

顶级 SPA 技师的手会说话

　　丽澜 SPA 中国馆位于杭州市中心武林广场旁，体育场路 221 号浙江国际大酒店 4 楼，面积 3000 多平方米，周边星级酒店、机关单位、商场超市、公寓写字楼

林立，是省城无可替代的商务中心和行政中心。

精心雕琢的丽澜中国馆，是汇集高端足浴、沐浴、男女 SPA 养生于一体的超五星级水疗馆，经典华贵的全欧式装修彰显出大气磅礴的气势，珍贵亲和的每一个色彩都勾勒出内外装饰的淡定气派，既含蓄、细腻又精美无比。而豪园集团花巨资引进英国原装进口精油散发的奇异幽香，令人迷醉，加上独一无二的 SPA 技术，可以舒缓筋骨、改善睡眠、美容养颜……将给杭城热衷 SPA 的绅士名媛带来不同的奢享礼遇。

最超前的奇迹将要发生在您的身边，最感受肾上腺素极升的超然快感将在这里诞生。

不等消费者开口，服务已经开始。

整个十指观音术 SPA 都由罗曼丽小姐现场培训、指导。

她的要求极其苛刻细致，尤其是做 SPA 之前，她总是先来到房间仔细看一看：给客人准备的按摩流程是否让自己满意，音乐旋律是否轻柔浪漫，客人要使用的物品是否齐备洁净……她给客人留下的是如此完美的形象，她总是发自心底并真心地倾说：您好，我是罗曼丽，现在开始为您服务。好像整个世界都在聆听她那动人轻柔的问候声。

丽澜将以温暖的力量释放私人管家式服务的最高境界。

在这里，丽澜不会去依赖别的，只相信顶尖技师仿佛会说话的手。

120 分钟，把自己交给丽澜，完全抛弃那些世俗生活中的烦恼，安静地享受十指观音术带给你的极致体验。

你可以将这场惊艳的 SPA 当做是：享受一段惬意的旅行；读一本清新的书；听一首沉静的音乐。而不同的是，你不需要做任何事。只需要闭上眼睛，享受一切。

醒来，如获新生。

【豪园浴业】

丽澜中国馆有两家：分别位于体育场路 221 号浙江国际大酒店 4 楼和绍兴路 353 号；豪园唐轩足浴连锁店有五家：黄龙馆位于西溪路 129 号，益乐馆位于益乐路 28 号，西湖馆位于保俶路 31 号，莫干山馆位于莫干山路 212 号，高尔夫馆位于滨盛路 778 号；豪园御之汤沐浴连锁店有 3 家：中北店位于中山北路 500 号，西湖店位于保俶路 29 号，城西店位于文三西路 606 号。

佳优子足浴
舒爽身体　温馨内心

《钱江晚报》文艺部记者　屠晨昕

　　"不满意就免单。"这句被外界认为大胆到"疯了"的口号，佳优子足浴其实已经坚持了多年。在服务行业，这样的口号异常冒险，但佳优子愣是做到了这一点。在这简简单单6个字的背后，支撑着的是佳优子人强大的自信。

　　春暖花开之际，记者揣着满满的好奇，走进吴山广场旁四宜路54号佳优子养生会所的大门。记者发现，这里已经不再是一家单纯的足浴店，而是一家包括精品SPA在内的综合养生会所。

　　整套足浴90分钟，整个服务过程包含了泡脚、头部按摩、洗脚、前双脚按

摩、单脚按摩、后双脚按摩、腿部按摩、清洗双脚,最后背部按摩……有条不紊,细致入微。另外茶水、果盘、饮料都是免费奉送的,擦鞋也不收钱,完了还赠送一双袜子。这些免费项目,透着浓浓的周到与诚意。

最具有特色的就是芳香疗法,采用国内最高等级的医用精油——贝斯特精油,当14条经络在技师熟练而柔和的手法按摩后,疲惫消除了,留下的只有全身的轻松和舒爽。近来佳优子新推出了陈艾悬灸项目,通过仪器把艾绒加热,无烟无味,通过热量的共振传导,打开瘀阻的经络,让经络恢复畅通。

足道,在佳优子已经不只是放松身体、舒缓紧张情绪的休闲方式,而成为祛病、理疗、养生的健康之道。这里就是我们的健康加油站。

讲述了这么多,您是不是会心动不已?

佳优子董事长王新民,杭州市足浴行业协会会长的头衔足以印证佳优子在杭城足浴行业乃至整个休闲行业的地位。从2001年8月成立以来,佳优子便成为浙江规模最大、信誉最好的专业足浴连锁企业之一。"更佳、更优、更专业"的宗旨,侵浸于佳优子的每一次服务中。

佳优子总经理杜玉存告诉记者，佳优子的所有在岗员工，完全按国家职业标准持证上岗，着装统一，使用整洁、干净的一次性用品，严格卫生标准，以杜绝消费者的交叉感染。"我们的员工，多数是没有技能的农村女孩，进公司后通过在职工培训学校的培训和师傅的帮带，掌握了谋生手艺。悟性好的，几年时间就能晋升到高级按摩师。"

王新民感慨道，这些女孩来自安徽、江西，乃至遥远的甘肃、新疆等。"她们到杭州才 20 岁左右，远离父母外出谋生要吃许多苦，公司当然要尽力照顾好她们，让她们有在家里的感觉。"他透露，所有员工的吃住，全部都由公司提供。

"如果不是老板的帮助，我的生命随时都可能终结。"佳优子清泰店的按摩师景英英是名孤儿，从小由养父母带大。到佳优子工作后，发现隔一阵就全身无力。经医院检查，发现是先天性心脏病，王新民马上组织员工捐款，杭州 8 家直营店的 300 多名员工，为小景捐了 2 万多元。

王新民说，佳优子的"感恩"活动每做一次公司要花 50 多万元，不论员工父母有多远，都接来杭州，全部住星级宾馆，来回行程和在杭州的吃、住、行、玩等费用，均由公司买单。

与佳优子人接触一段时间，你会感受到温馨浓郁的人性化企业文化氛围，无论是对客人还是对自己员工，都充满了亲和力。这也使这家足浴企业，显得那么的与众不同。

【佳优子】

杭州有两家店：分别在四宜路 54 号近吴山广场和清泰街 456 号福禄寿大酒店 3 楼。

习儒业　慕儒风
儒之堂足道

钱江晚报文艺部记者　屠辰昕

　　青砖灰瓦马头墙，雕龙画栋小阁窗，典型的徽派古建筑。这里，没有夺人眼球的炫丽装饰，头顶上的隶书"儒之堂"，古拙朴茂，敦厚醇正。大厅门口挂着一副对联"儒学儒风儒道，怡心怡性怡情"。而伫立于大堂中央的孔夫子雕像，向每位来者示以慈爱的微笑。

　　如果告诉你，记者所处之境，并非千年古宅、私塾学堂，而是一家足浴店，你会作何感想？

　　事实上，位于莫干山路北端孔家埭的儒之堂足道理疗会所，从2008年开业以来，已经成为杭州城北的休闲中心。

晚上，穿过这家儒之堂总店的门廊，发现里面足可容纳百辆车子的内院停车场已经停满，大门口的保安，安排新来的客人把车停到大门口，点头、鞠躬、微笑的动作表情、和善的言语、无不浸透着孔子最看重的处世之道——"礼"。

香薰袅绕，轻音筝鸣，这里的一砖一木、一桌一凳，无不浸透着古风古韵。接待厅的一隅，有一处微缩版的廊桥，别出心裁。而中国美术学院教授谢煌所绘的壁画，展现了奉行儒道、礼乐和谐的古时场景。而员工在遇见每一位客人时，露出富有分寸的亲和笑容，每遇到拐角和台阶都悉心提醒，令人如沐春风。

置身于儒之堂，恍惚间感到儒风拂面，不由得内心荡漾起"忠孝仁义礼"的情怀来。

在服务生的引导下进入包厢，先自顾自参观一番。此处风格与大厅保持一致，古风古韵，对联、字画将此方天地点缀得典雅而不失气派。每张按摩椅上都摆放着一枝玫瑰，更让人倍添惊喜。

一进门，技师便为我们脱去鞋袜，还细心折叠，并提供擦鞋服务，然后将整齐锃亮的鞋子放在门口。"顾客你好，这是我们的诚信钟，现在开始为您服务，请确认。"真是童叟无欺。

为记者推拿的技师，女儿都已经上小学了，她的从业经验，体现在出神入化

的手法里——揉、搓、顶、捏、捶，环环相扣，一气呵成，动作娴熟。一问，才知这是儒之堂独创的"儒统十二脉"的推拿手法和"儒养七十二穴"的足疗技术，内外兼修，刚柔并济。

40分钟的足道按摩过后，转为俯卧，开展肩背推拿。技师整个人跪到记者背上，跪背、顶腰、敲背、捏肩，手法独特、力度恰当，一套下来即促进了血液循环，又疏通了经络，悠悠然惬意无比。

儒之堂缔造者潘境，具有徽商的特质，是当代儒商的优秀代表。他从乡镇企业厂长，到成功创办足浴品牌，将儒家精髓丝丝融入企业文化，将"仁者爱人，以仁为本"的理念融入企业管理当中。

2008年，在几乎所有人不看好的情况下，潘境在孔家埭这块当时的不毛之地，一口气交齐三年租金，开办了儒之堂足道理疗会所。他将中华儒家文化与美国西点军校的管理方式相结合，创造了足浴史上的奇迹。

今天，儒之堂已在全国开出50余家门店，跻身中国足浴行业十大影响力品牌，引来学习、参观、考察的宾朋及投资者络绎不绝。

在贵足世家
徜徉于 5000 年足道精粹中

《钱江晚报》文艺部记者　屠晨昕

　　"为健康，品味虽贵必不敢减物力；讲家训，流程虽繁必不敢省人工……望闻问切诊疗人间百病，点压推拿调养阁下千秋。"

　　大关路 188 号明珠大厦三楼，贵足世家大堂，一篇家训甚是醒目。从中，不难感悟出商家诚实守信、济世养生的信条。

在贵足世家，记者亲身体验了一把5000年中华足道文化的精粹，感受到了用心编织的品位与服务。

电梯门一开，漂亮的女服务员莞尔一笑，点头鞠躬，"贵宾您好"的问候声此起彼伏，还主动给记者拎包引导，热情得让人有些受宠若惊。

定睛一瞧，衣着规范的收银员站在巨幅的贵妃群美图前面带微笑，走进大厅，对面一座门楼屹立着"贵足世家"牌匾及对联。门楼后，摆放着四张古色古香、放满茶具的茶桌，茶区墙上，是风格迥异的《夜宴》长图。穿过茶区，水景中央摆着一座全石做成的香台，供奉着足道的祖师爷"俞跗"；步入包厢发现，他们的包厢格局与背景名画都不重复，全是名画名迹。

井井有条的店内装饰，古典与现代相得益彰，豪华优雅但不奢侈虚浮，着实令人倍感惬意。

站立于俞跗图前，贵足世家总指挥王贞元向记者介绍说，俞跗是足疗的鼻祖，是五千年前上古时期的神医，十分灵验，特别是求平安、保健康。

"5000年前，黄帝与蚩尤率领各自的部落争夺天下。两大部落势均力衡，这场上古时期最惨烈的战争持续了10年，双方伤兵满营，仍然不分胜负。黄帝让首席太医岐伯赶快想出一个快速医好伤兵、提高战斗力的好方法，岐伯推荐了俞跗。"

王总娓娓道来，"俞跗一不用针，二不用灸，三不用药，四不用酒，只在脚上找到一些神奇的特效穴，点拨之间就治好了伤病。俞跗首先治好了先锋大将军风后的腰伤，接着又医好了一批又一批伤兵，及时地补充了兵源，风后很快领兵冲垮了蚩尤军的防线，黄帝部落一举歼灭了蚩尤部落，统一华夏。"

黄帝一统天下后，俞跗辞官回乡，行医于大江南北，为天下百姓免费看病疗伤，治愈伤病无数，也收下门徒百人。从此，摸足治病在民间广为流传，俞跗成为百姓家中供奉的神医。

而在贵足世家人内心，就是要立志传承祖师遗志，以足道造福人类，做中国足道养生专家。

"我们员工工资很高，月薪上万的有不少。"贵足世家总教官付杰告诉记者，他们信奉的是"幸福信条"——"员工感到幸福了，客户才会幸福，客户感到幸福了，那么股东才会幸福。"

收入高了，员工自然会尽心尽力，为顾客奉上最贴心、最高品质的服务。在贵足世家体验258元套餐时，记者惊讶地发现，身材娇小的女技师小美，不需要用刮痧板，而是用手指痧，也就是说，完全用手指开做刮痧，力道十足，十分到位，做完令人倍感惬意、浑身通气。

琳琅满目且价位适中的项目，是贵足世家的另一亮点，例如"皇室四维"、"肩颈腰三段"、"温玉经络调理"等。贵足世家总教官付杰介绍道，"皇室四维"是汉高祖刘邦的御用养生法，"温玉经络调理"是乾隆爷的养生秘诀，光一套玉石，就得上万元。

早在2005年，贵足世家便在西溪湿地之畔诞生；2013年，"贵足世家"黄山店、大关旗舰店、香港城店开业……

"贵足世家从事的是健康事业，经营是幸福，贵足世家立志成为中国足道养生专家，做百年民族品牌！"贵足世家总指挥王贞元的话里，溢出了自豪。

【贵足世家总部】

大关路188号明珠大厦3楼。

特别鸣谢：

新疆阿克苏市宗宝园艺科技有限公司董事长牟宗宝先生为本书出版提供资金支持。

牟宗宝：新疆著名"公益之星"，中央电视台1套专题报道的"时代先锋人物"。

宗宝园艺科技有限公司拥有种植园1万多亩，生产、经销的新疆特色产品有苹果、香梨、大红枣、葡萄干、大核桃、巴旦木、西域神保健酒、鹿酒等，多年来深受广大消费者的喜爱。

杭州展销中心：勾庄杭州副食品批发市场2号楼2楼新疆馆

垂询电话：0571—88775089 13909970829

浙江省农业厅马万里和新疆农业厅金山等领导视察展厅，左一牟宗宝。